萌·新娘时尚
FASHION

美妆造型实用教程

小雨 MAKEUP（奕彤）编著

人民邮电出版社
北京

图书在版编目（CIP）数据

萌·新娘时尚美妆造型实用教程 / 小雨MAKEUP编著
. -- 北京 : 人民邮电出版社, 2017.12 (2018.2重印)
ISBN 978-7-115-46800-0

Ⅰ. ①萌… Ⅱ. ①小… Ⅲ. ①女性－结婚－化妆－造型设计－教材 Ⅳ. ①TS974.1

中国版本图书馆CIP数据核字(2017)第257429号

内容提要

本书对目前流行的新娘化妆造型进行了全面解读与技巧详述。本书分为妆容篇与发型篇两大板块，在每个板块中精心选取了当下人气超高的妆容和发型实例并分类讲解，还配有特色作品展示。本书兼具艺术性与实操性，具备专业分析、技术指导和分步效果展示，可谓当前妆容发型流行趋势的一个缩影，是审美多元化时代下的百变时尚圣经。

本书适合化妆造型师、新娘跟妆师等阅读，同时还适合相关培训机构的学员学习和使用。

◆ 编　　著　小雨 MAKEUP（奕　彤）
　责任编辑　赵　迟
　责任印制　陈　犇
◆ 人民邮电出版社出版发行　　北京市丰台区成寿寺路 11 号
　邮编　100164　　电子邮件　315@ptpress.com.cn
　网址　http://www.ptpress.com.cn
　北京富诚彩色印刷有限公司印刷
◆ 开本：889×1194　1/16
　印张：17
　字数：671 千字　　2017 年 12 月第 1 版
　印数：3 001－6 000 册　　2018 年 2 月北京第 2 次印刷

定价：158.00 元

读者服务热线：(010) 81055410　印装质量热线：(010) 81055316
反盗版热线：(010) 81055315
广告经营许可证：京东工商广登字 20170147 号

序

时间过得很快，记得2009年第一次见到小雨时，她还是个羞怯的小女孩，一头长发，一双大大的眼睛，不善言辞。现今，小雨早已成为国内时尚唯美派新娘化妆造型的先锋人物，这个成绩是她多年如一日的钻研、努力和付出换来的。我记得有一次，她为了拍一组作品，白天工作，晚上熬夜加班制作手工饰品。看到她通过自己的努力换来一件件令人惊艳的作品，我知道她为了这些付出了什么。

当小雨请我为她的第二本书写点什么的时候，我很惊讶。一方面，我惊讶小雨如此高产，她的工作非常多，从完成第一本书到第二本书的期间，我时常看到她处于工作满满的状态，但如此高强度的工作之余还能写出如此精彩的书，真的难能可贵；另一方面，我自己也写书，但常常以各种理由一再延后出版。我知道写这类书时，每一段文字都要准确无误，每一张图片都要精心拍摄和修整。完成一本书耗时长且工作强度高，对此我深有体会，所以我由衷地欣赏小雨的这种专注和执着。

作品如人，每一位化妆师的作品都和化妆师本人的性情分不开。

小雨的作品透着灵气，就像她本人一样，给人一种温润的美感，甜美而时尚，深受年轻人喜爱。即使很普通的人也可以经她的巧手焕发出精灵般的美。只有内心纯净而美好的人才能做出这些美妙的作品。

小雨的这本书集实用性和时尚性于一体，唯美经典，值得大家阅读和收藏。

祝小雨和她的品牌YUMAKEUP越做越好！

岳晓琳

2017年7月

前言

从古至今，人们对于美的探求从未停止过。

从业之初，很多人问我："在化妆造型时，你最看重的是什么？"我说："是人，是每一张与我近在咫尺的面孔。"这个想法一直伴随着我走到今天。

本书是我以妆容发型为主题的第二本书。2015年，厦门小雨造型文化传播有限公司成立，我用第一本书《风尚新娘化妆造型实用教程》记录了自己的成长过程。在发型方面，我通过对时尚杂志和秀场T台的深入观察，发现新娘发型已从单纯追求光洁度和顺滑感的传统理念跃升为注重自然、生动，甚至是松散、略显毛糙的质感，巧妙传递着人性化的色彩。在妆容方面，则告别了大眼睛、锥子脸、一字眉等"一统妆容界"的单一局面。追求展现自己的特点和韵味，向往更加真实、自然的妆感理念，也日渐深入每一位爱美的姑娘的心里。

2017年，广州小雨造型文化传播有限公司成立。本书作为我的又一部作品，包含了近两年我在化妆造型方面的最新实战经验和心得。能够以这种特别的方式与大家分享成长和感悟，我深感荣幸。希望书中对于"美"的多元化表达能够引起更多朋友的共鸣。

无论化妆技法如何改变、升级，也不管时代的审美如何变迁，那些经得起时间考验和雕琢的"美人"，总能从万众之间脱颖而出，并呈现出自己独特的一面。我们很难找到一个宽泛的形容词去描述她们的容颜，任何的机灵生动都会在那些千篇一律的描述里失去神采。妆容发型也一样，其关注点永远都应该集中在有灵气、有风韵且有鲜明个性的五官和面孔之上，而不是简单地堆砌技巧或盲目地追随潮流。恰到好处的"定制化"造型作品，展现了造型师对于人物由内而外的深入理解和层次分明的个性呈现。无需开口，仅是一张精心妆扮的脸，就能引出一段故事。这也是妆容发型的魅力，它并非枯燥的理论和千篇一律的技法，而是一种能够激发想象力的神奇艺术。造型的灵感可能来源于可爱的香甜果冻、满面桃花的宿醉少女、油画的质感和气息，或是自然田园的悠然环境……通过这些灵感，我们可以玩转时尚、复古、童趣、宫廷、漫画等多种元素与风格的造型，活色生香，永远馥郁芬芳。

不要让你的美埋没在众人热捧的"人气款"里，是时候让自己惊艳一把了。你准备好了吗？

希望书中精选的作品能够帮助大家打造出更多更好的妆容发型。

在此，我要感谢在本书编写的过程中帮助我的朋友：摄影师谢郁、佳富、俊杰、礼文；后期师谢郁、佳富、李玲、林震；饰品设计师三用、欢欢；化妆助理真玲、莹莹、芳芳、骐豪；服装提供商艾尔文视觉；文字编辑刘颖。谢谢你们，是你们的帮助让我的第二本化妆造型书得以出版。结识你们是我一辈子的幸运与财富。

小雨

2017年6月

Contents

目录

Makeup section

01 妆容篇 / 9

Hairstyle section

02 发型篇 / 57

01

妆容篇

Makeup section

黄昏时分，光影斑驳里，仅余丛林间枕手而眠的那一份寂静闲适。夜幕降临，归期将至，小鹿般惊诧的眼神，似在不经意间打破了这片宁静与自在。

夏日果冻妆

1.1

夏日蝉鸣，旭日东升，在阳光的照射下，肌肤通透得如同会呼吸一般。嘴唇水嘟嘟的，好似刚喝下一杯清爽解渴的西瓜汁，还未来得及擦掉残汁一般，一丝清凉感油然而生。

妆容描述

皮肤水嘟嘟的，吹弹可破，整个妆面莹润细泽而又呈现出 Q 弹粉嫩的效果。

打造重点

运用清新的色彩给妆面塑造清爽感；运用一些妆面元素增加整体的清凉感，让人宛若出水芙蓉般惊艳。

主要化妆品

妆前保湿水：粉水 KERATINA ANTI-AGING（Double Serum Light）
粉底液：THREE 101
眼影：日月晶彩（BEIGEBEIGE 01号）、MAC（GLEAM、EXPENSIVE）
睫毛定型液：娇韵诗
睫毛膏：上睫毛膏（恋爱魔镜 粉色齿梳款）、下睫毛膏（悦诗风吟 清爽款）
假睫毛：小雨造型旗下睫毛品牌 YUEYEFLASH（3号）
腮红：MAC（IMPUDIQUE、ORGASM）
唇膏：MAC（KINDA SEXY）
唇油：MAC（透明唇油）
唇蜜：Dior（透明唇蜜）

案例演示

Case demonstration

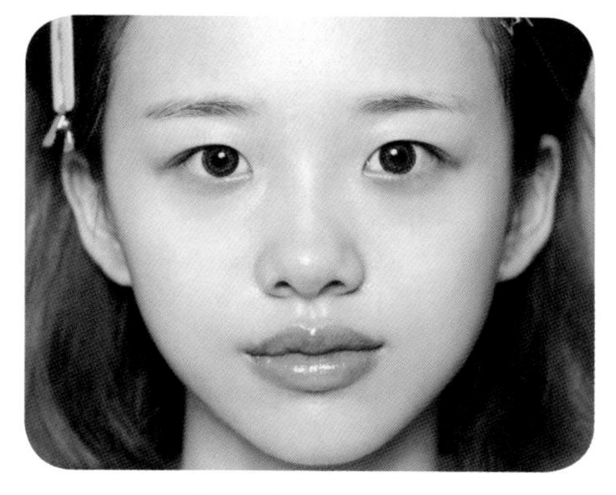

Step01 滋润皮肤。用妆前保湿水滋润脸部，用润唇膏滋润唇部，避免上妆时太干燥。

Step02 均匀肤色。将 KP 双色遮瑕膏中的橘色与黄色混合，并将其涂抹在面部较暗沉的区域，均匀肤色。

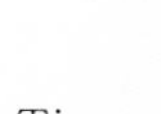

Tips

涂抹时注意观察面部。对黑眼圈较重的地方，多使用橘色；对黑眼圈较轻的地方，多使用黄色。对皮肤较白的地方，多使用黄色；对皮肤较黑的地方，多使用橘色。

Step03 提亮肤色。选取一款带有细微珠光的乳液，点涂于面部需要提亮的部位，起到提亮肤色的作用。涂抹时要注意均匀自然。

Step04 上底妆。将粉底液以少量多次的方式用粉底刷蘸取后平涂面部。粉底液色号需要根据模特脖子的颜色来选择，避免上妆后出现明显的色差。

Tips

当模特皮肤处于良好状态时，涂抹的粉底不宜过厚，只需要涂薄薄一层，能够均匀肤色即可。

Step05 定妆。用散粉刷蘸取少量的定妆粉，从眼睛周围开始，轻扫全脸，起到定妆的作用。

Step06 画上眼影。蘸取适量带有轻微珠光的大地色眼影，平涂于上眼睑，打底的同时给眼部增加光泽感。

Tips

在涂抹眼影时，可对全眼眶进行涂抹，如此除了能给眼部增加光泽感外，还能对眼部起到二次定妆的作用。

Step07 叠加上色。选取一款偏粉色的眼影作为表现色，平涂于上眼睑，起到颜色叠加的作用，使眼部的眼影呈现出渐变效果。

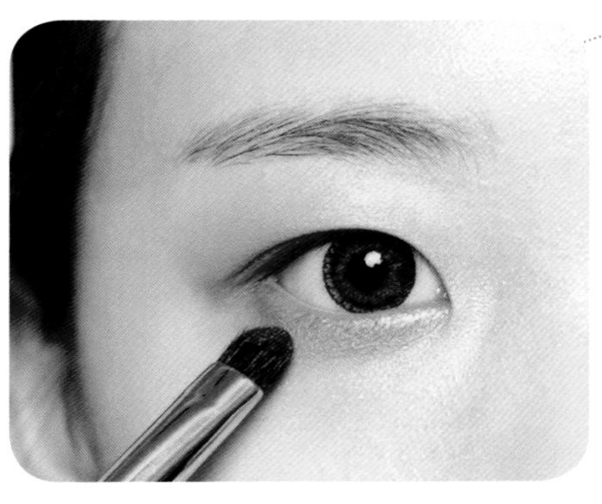

Step08 画下眼影。下眼影的处理方式与上眼睑基本相同，先用带轻微珠光的大地色眼影平涂下眼睑，然后使用偏粉色的眼影在眼尾处叠加上色。

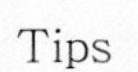

Tips

在画下眼影时，要特别注意控制晕染范围，不宜过大，否则眼影容易显脏。

Tips

在夹睫毛时，要注意用力均匀，以免损伤睫毛，同时要保持夹翘的睫毛呈现自然的弧度。

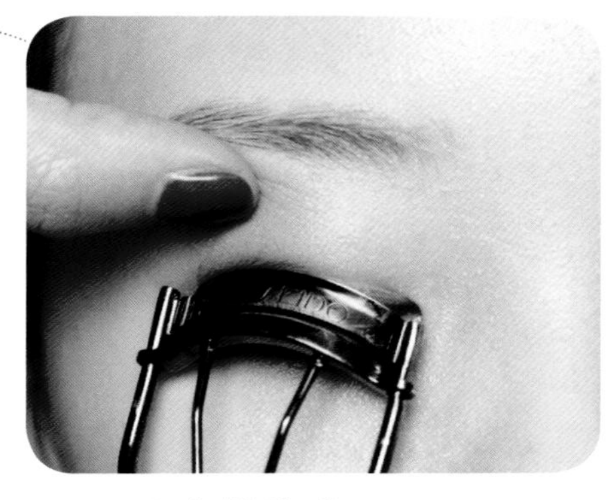

Step09 夹翘睫毛。用睫毛梳清理睫毛上的粉底和眼影残渣，然后提拉上眼睑，用睫毛夹均匀地夹翘睫毛。完成之后，涂抹一定量的睫毛定型液至睫毛根部，将睫毛定型。

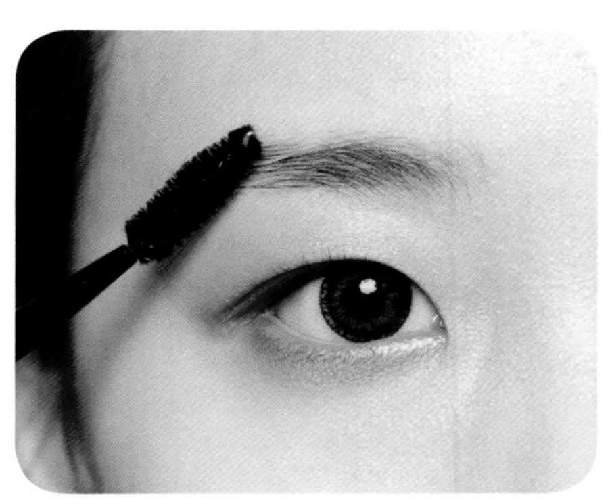

Step10 处理眉毛。用螺旋刷顺着眉毛的生长方向轻轻地梳理眉毛，使眉毛变得整齐的同时将眉毛上多余的粉底残渣清理干净，让眉毛看起来清爽、自然。

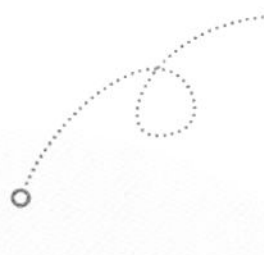

Tips

描画眉毛时，注意力度要合适，避免太浓或太淡，否则会让眉毛生硬、不自然。

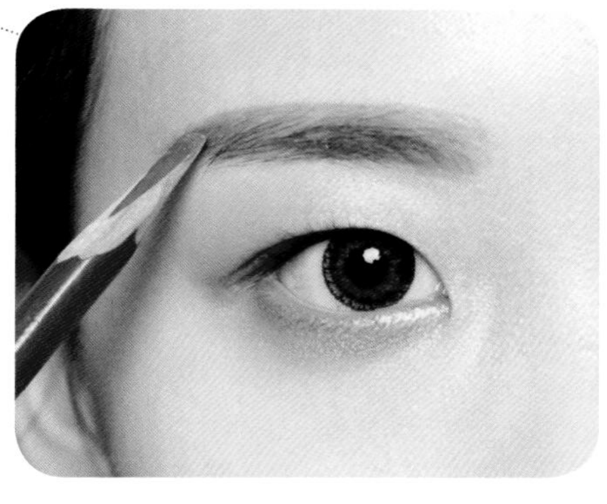

Step11 选取一款适合模特眉色的眉笔，然后根据眉毛的生长方向仔细描画眉毛，一边描画一边观察眉形。

Step12 如果眉毛本身的颜色比发色深，可以使用染眉膏适当将眉毛染浅一些。

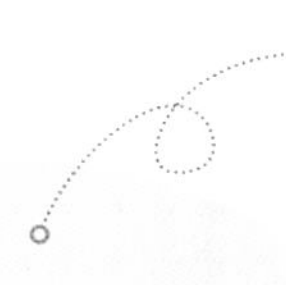

Tips

在涂刷睫毛膏时，注意量不宜过多，以免形成“苍蝇腿”，影响睫毛的清爽感。

Step13 刷睫毛膏。在刷睫毛膏之前，再夹一次睫毛，然后选取一款快干型睫毛膏，轻轻涂刷于睫毛根部，使睫毛呈现出自然持久的卷翘效果。

Step14 粘贴上假睫毛。粘贴前，将假睫毛做分段剪取处理。剪取好之后，从眼尾开始，分簇将假睫毛沿着真睫毛根部进行粘贴。

Step15 将假睫毛粘贴好之后，用睫毛膏将真假睫毛刷在一起，保证真假睫毛自然结合且不分层。

Step16 画腮红。用腮红刷蘸取适量偏粉色系的腮红，然后以打圈的方式轻扫在面颊左右隆起的最高处。

Tips

在晕染腮红时，注意一次性蘸取腮红的量不宜过多，晕染要自然，使其看起来清爽、干净。

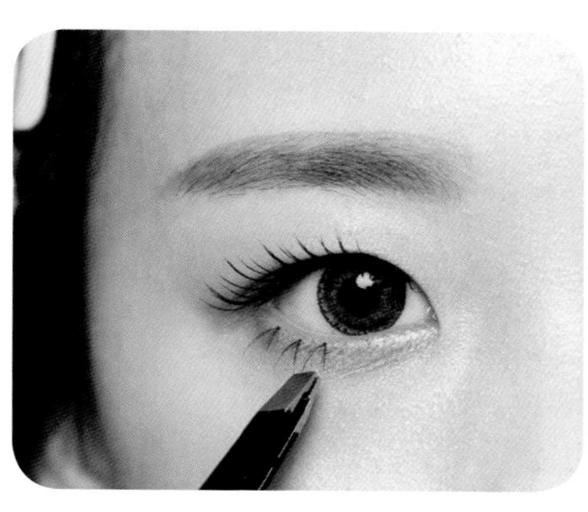

Step17 粘贴下假睫毛。选择一款交叉式下假睫毛，然后用镊子分簇夹取，并沿着下睫毛根部分簇进行粘贴。

Step18 选择一款清爽型睫毛膏，将下真假睫毛刷在一起，并使用睫毛定型液对睫毛定型，使其贴合、自然。

Step19 加强眼部效果。用眼影刷蘸取适量大地色系的眼影，涂抹于眼窝和睫毛根部，起到加强眼部效果的作用。

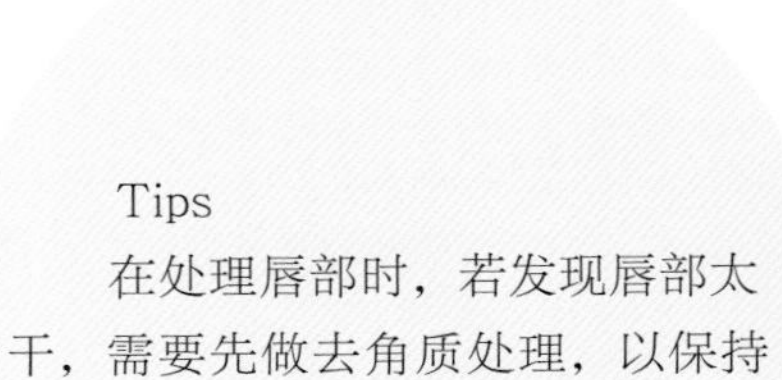

Tips

在处理唇部时，若发现唇部太干，需要先做去角质处理，以保持唇部滋润。

Step20 处理唇部。用粉底刷蘸取少许粉底液，涂抹于唇部，让后续涂抹的唇膏更加显色。

Step21 用唇刷蘸取适量裸色唇膏，涂抹于整个唇部，对唇部起到第一层打底的作用。

Step22 挑选一款颜色适合整体妆面风格的唇膏，然后用唇刷蘸取适量唇膏，涂抹于唇部。涂抹时注意唇部边缘线要干净，整个唇部要饱满、自然。

Step23 为表现妆容水润的感觉，上一步完成之后，选择一款透明型唇蜜，并用唇刷蘸取适量唇蜜，涂抹于唇部，使整个唇部水润而富有光泽。

Tips

涂抹唇蜜时，注意保持唇部边缘的干净和完整，用量要合适，不宜过多，以免影响唇部的清爽度。

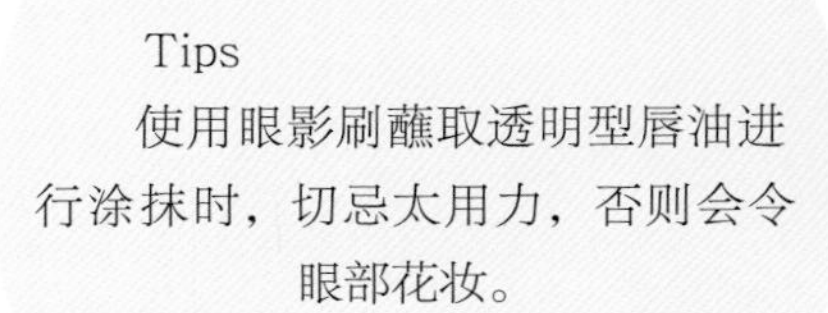

Tips

使用眼影刷蘸取透明型唇油进行涂抹时，切忌太用力，否则会令眼部花妆。

Step24 选择一款透明型唇油，用眼影刷蘸取适量唇油，涂抹于眼眶处，使眼部也呈现出莹润光泽的效果。

Step25 在妆容打造结束之余，搭配一款微卷短发发型，在体现妆容效果的同时，让模特呈现出如出水芙蓉般的清凉感。

日系宿醉妆

1.2

倦怠慵懒，可爱无辜中略带些小女人的性感和妩媚，秀色可餐。

妆容描述

日系宿醉妆更多的是体现人物的一种状态，如微醉一般，神情微醺，且略显慵懒感和颓废感。在创作拍摄中，我们可以根据自身的一些创意和想法，结合不同画法的腮红，达到不一样的妆容风格和效果。

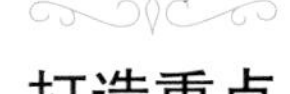

打造重点

利用不同的眼妆和唇妆的处理方法呈现出不同的主题风格，从而体现人物不同的情绪和状态。

主要化妆品

妆前保湿乳：NARS（免洗面膜）
妆前提亮乳：MAC
粉底液：THREE 101
眼影：MAC（GLEAM、EXPENSIVE PINK、BRONZE、AMBER LIGHTS）
睫毛膏：恋爱魔镜（粉色齿梳款）
腮红：资生堂心机系列（粉色 PK200）
唇膏：LIN MAKEUP（色号 111、901）
唇蜜：Dior（透明唇蜜）

案例演示

Case demonstration

Step01 滋润皮肤。为了保证后续上妆更伏贴，选择一款较滋润的妆前保湿乳，然后点涂于整个脸部，并做适当按摩，直至其全部吸收。

Step02 均匀肤色。将KP双色遮瑕膏中的橘色与黄色混合，然后涂抹于黑眼圈处、嘴角等面部容易出现色素沉积、红血丝的部位，均匀肤色。

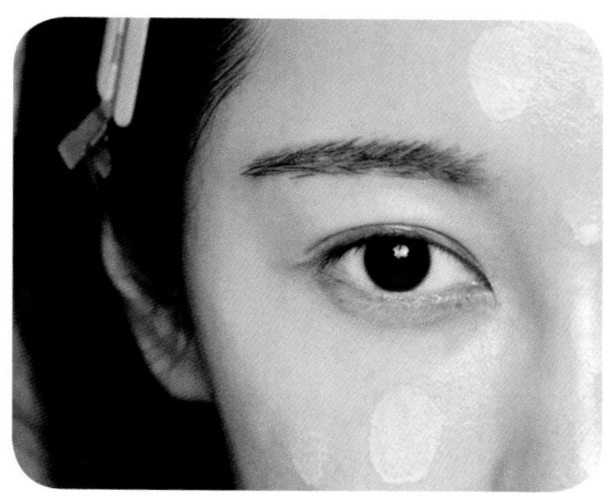

Step03 提亮肤色。蘸取适量带有细微珠光的妆前提亮乳，点涂于面部需要提亮的部位，增加面部光泽感的同时，让底妆更显清透。

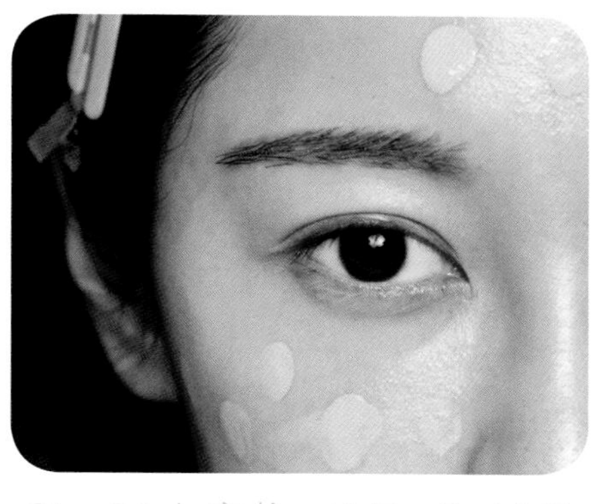

Step04 上底妆。选择一款适合模特肤色的粉底液，然后用粉底刷以少量多次的方式将其平涂于面部。

Step05 定妆。用散粉刷蘸取适量散粉，以少量多次的方式将散粉轻扫于面部容易出油的部位，进行定妆。

Tips

针对容易出油的皮肤，建议对全脸进行定妆，以免出现脱妆的现象。

Step06 画眼影。选择一款带有轻微珠光的眼影，用眼影刷蘸取适量眼影，平涂于眼睑，作为打底使用，同时起到提亮的作用。

Step07 选择一款金棕色系眼影，同样用眼影刷蘸取适量眼影，平涂于上眼睑，使眼部更显色，同时让眼影呈现一定的层次感。

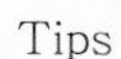

Tips

在涂抹眼影时，如果眼影边缘线不易晕开，可以改用一款较松软且干净的眼影刷做大面积晕染，使眼影更自然。

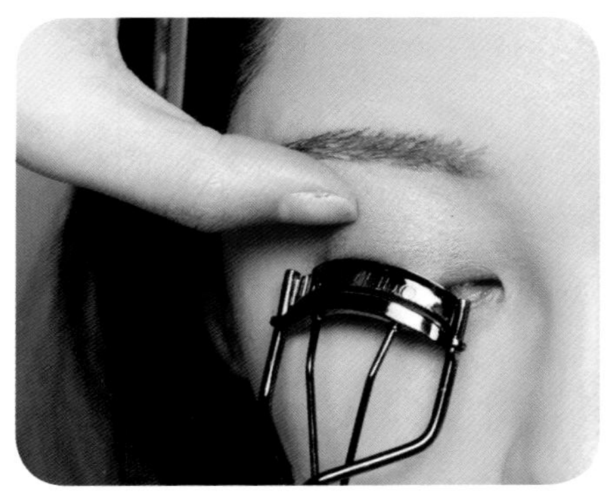

Step08 夹翘睫毛。轻轻提拉上眼睑，然后用睫毛夹均匀地分段夹翘睫毛。注意先夹翘中间，再分别夹翘眼头和眼尾处的睫毛。

Step09 定型睫毛。选择一款快干型的睫毛定型液，沿着睫毛根部薄薄地刷上一层，使其定型。涂刷时同样需要适当提拉眼睑才行。

Tips

在使用睫毛定型液时，注意用量不要过多，否则睫毛容易出现结块、泛白的现象，从而影响睫毛的清爽度。

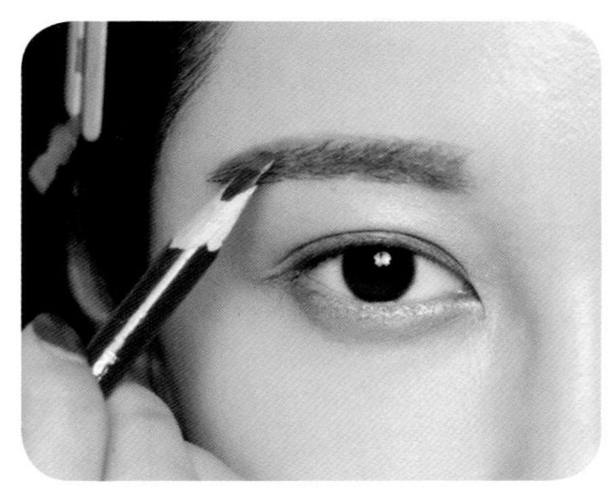

Step10 处理眉毛。用螺旋刷将眉毛上多余的粉底残渣轻扫干净。从眉毛底部开始，沿着模特本身的眉形描绘眉毛，使其清晰、自然。

Step11 粘贴上假睫毛。粘贴前将假睫毛做分段剪取处理。剪取好之后，从眼尾开始，分簇将假睫毛沿着真睫毛的根部进行粘贴。

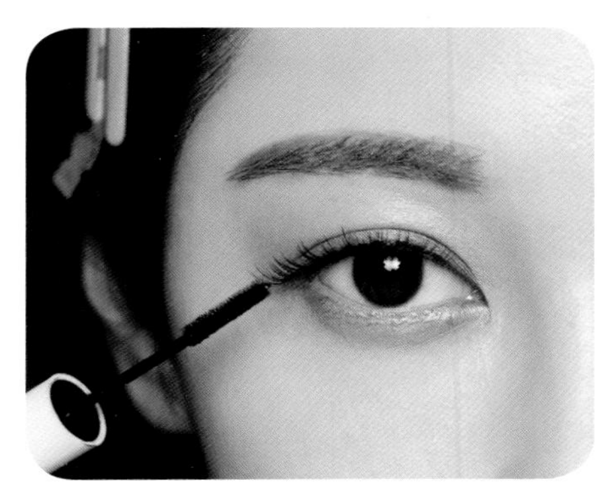

Step12 选择一款清爽型的睫毛膏，然后轻刷睫毛根部，使其根根分明，同时呈现出自然卷翘的效果。

Step13 根据实际情况使用假睫毛对上睫毛做叠加粘贴与处理，使其浓密且不失自然。

Step14 粘贴下假睫毛。选择一款交叉式下假睫毛，用镊子分簇夹取，然后沿着下睫毛缝隙处粘贴，同时使用睫毛膏将真假睫毛刷在一起。

Tips

用睫毛膏将真假睫毛刷在一起时，注意不可将过量的睫毛膏刷在假睫毛上，否则会导致睫毛过于厚重。

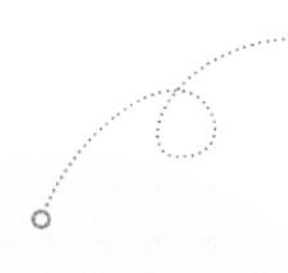

Tips

涂抹腮红时，要以少量多次的方式进行，要确保晕染效果均匀、自然。

Step15 画腮红。选取一款粉色系腮红，然后用腮红刷蘸取适量腮红，轻扫于颧骨的上方位置，增加面部气色的同时，让妆容风格也得以体现。

Step16 处理唇部。为了使唇部更好显色，用粉底刷蘸取少许粉底液，涂抹并遮盖整个唇部。用唇刷蘸取适量的裸色唇膏，涂抹于整个唇部，起到打底的作用。

Step17 选择一款与腮红同色系的唇膏，然后用唇刷蘸取适量唇膏，均匀涂抹于整个唇部。涂抹时注意唇线要干净。

Step18 蘸取适量唇蜜，涂抹于唇部，体现唇部润泽感的同时，让模特显得更年轻。

Tips

在处理唇部前，若发现唇部太干燥，需要先做去角质处理，避免后续出现起皮现象。

Step19 到这一步，一款日系宿醉妆容就完成了。

Step20 在妆容打造结束之余，选择一款丸子头与之搭配。造型完成。

Tips

搭配丸子头，可以让整体造型既显甜美，又不失灵气。

空气感裸妆

1.3

眼波流转，顾盼生辉。稍许颜色，芳香四溢。举手投足间的一颦一笑，流露出些许韵味，不禁让人魂牵梦萦。

妆容描述

空气感裸妆是指有光泽感、通透且能呼吸的自然妆容。裸妆不等于不化妆，而是在底妆干净的前提下，打造空气感的妆面。当然，这其中包含了多种手法的运用，而且打造妆容的重点在于刻画的痕迹不能过于明显。这款妆容能在保持底妆干净的同时又让妆色呈现出自然的清透感。

打造重点

底妆与睫毛的处理。

主要化妆品

妆前提亮乳：MAC
粉底液：THREE 203
眼影：日月晶彩（01 号 BEIGEBEIGE）
眼影：MAC（GLEAM、EXPENSIVE PINK、BRONZE、AMBER LIGHTS）
假睫毛：小雨造型旗下睫毛品牌 YUEYEFLASH（3 号）
睫毛膏：恋爱魔镜（绿色滚筒状）
腮红：MAC（PEACHES）
唇膏：MAC（KINDA SEXY）、阿玛尼（唇釉 500）

案例演示

Case demonstration

Step01 滋润唇部。蘸取适量润唇膏，滋润唇部，避免后续涂抹唇膏时唇部出现干枯、起皮等现象。

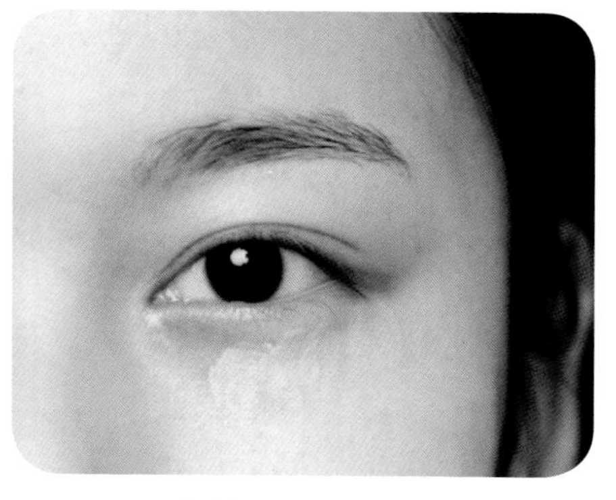

Step02 遮盖黑眼圈。将 KP 双色遮瑕膏中的橘色与黄色混合，涂抹于黑眼圈位置。使用时，黑眼圈较重的地方橘色偏多，黑眼圈较少的地方黄色偏多。

Step03 均匀肤色。将 KP 双色遮瑕膏中的橘色与黄色混合，涂抹于嘴角等位置。使用时，皮肤较白的地方黄色偏多，皮肤较黑的地方橘色偏多。

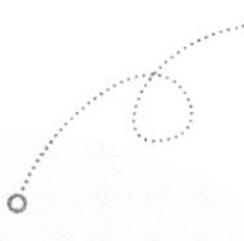

Tips

需要注意的是，对容易长痘或容易出油的肌肤来说，忌用带有细微珠光的乳液。

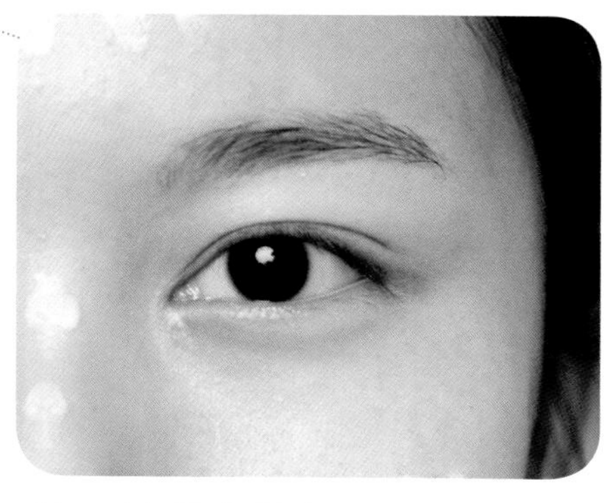

Step04 提亮肤色。选择一款带有细微珠光的乳液，点涂于面部需要提亮的部位，增加面部的光泽感，让底妆也更显清透。

Step05 上底妆。以少量多次的方式蘸取适量适合模特肤色的粉底液，平涂于面部。对瑕疵较多的部位可稍厚一些，对瑕疵较少部位只涂薄薄一层即可。

Tips

到了这一步，底妆部分基本完成。为了保持皮肤的润泽感，使其通透，这里一般不建议使用定妆粉对全脸进行定妆。

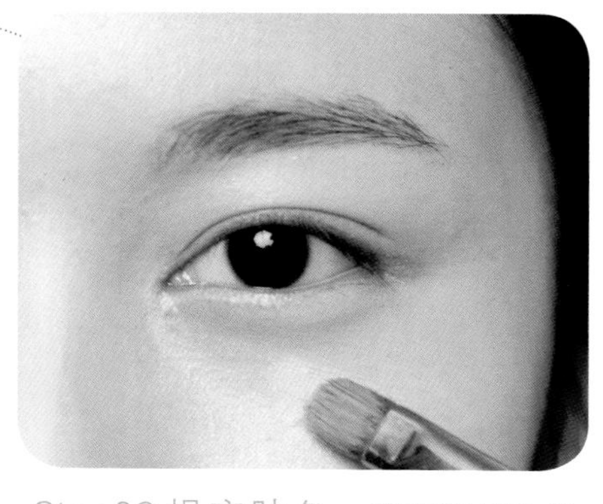

Step06 提亮肤色。蘸取适量比底妆颜色浅一号的遮瑕膏，涂抹于面部 T 区、下巴和颧骨上方等高光区域，进行提亮，同时增强面部立体感。

Step07 画眼影。用散粉刷蘸取适量定妆粉，对眼睛周围做局部定妆。选择一款带有轻微珠光的眼影，对眼睑做单色大面积平涂操作，作为打底。

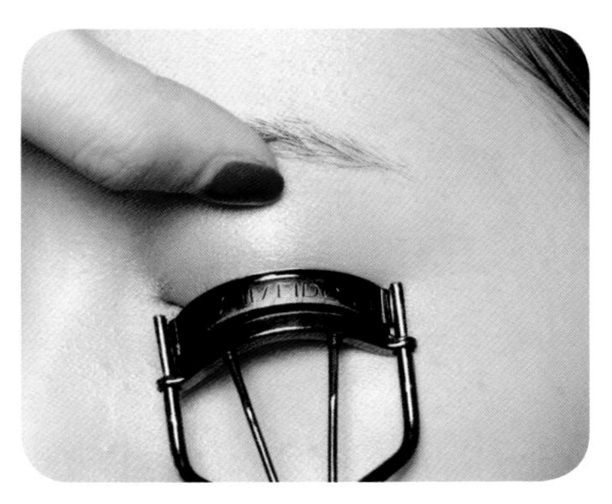

Step08 处理睫毛。在夹翘睫毛之前，用睫毛梳梳理睫毛。提拉上眼睑，用睫毛夹均匀地分段夹翘睫毛，使睫毛自然卷翘。

Step09 蘸取适量睫毛定型液，轻刷于睫毛根部。待睫毛定型液稍微干一点，用纤维含量较少的睫毛膏在睫毛根部轻刷一遍，使睫毛更加丰盈、纤长。

Step10 粘贴假睫毛。将假睫毛做分簇剪取处理。从眼尾开始，将假睫毛粘贴上去。注意剪取假睫毛时，每簇剪取得越细，睫毛粘贴后的效果越自然。

Step11 用睫毛膏将真假睫毛刷在一起，保证真假睫毛自然结合且不分层。

Step12 处理眉毛。用螺旋刷轻扫眉毛。选取一款颜色合适的眉笔，根据模特眉毛的生长方向描画眉毛。

Step13 处理腮红。因为要打造裸妆，所以只需将少许腮红轻扫于面部即可。腮红不宜太浓，轻扫位置一般是在面颊隆起的最高处。

Step14 处理唇部。用粉底刷蘸取少许粉底液，遮盖整个唇部。用唇刷在唇部涂抹适量的裸色唇膏，起到打底的作用。

Step15 挑选一款颜色适合整体妆面风格的唇膏，均匀涂抹于整个唇部。涂抹时，注意唇线要干净，唇部要饱满自然。

Step16 到这里，一款空气感裸妆就完成了。在妆容打造结束之后，选一款空气感的抽丝发型与之搭配，让妆面风格突出且自然。

时尚明星减龄妆

1.4

一阵清风袭来，花与人似入画一般，空气中微微花香扑鼻而来。施以淡妆，粉雕玉琢，更显明丽、动人。

妆容描述

时尚明星减龄妆是指用时尚的手法打造出明星式的妆容。在该类型的妆容打造中，要在不改变人物个性特点的前提下，学会使用“减法”，将妆容处理得精致、耐看，让刻画痕迹不太明显。而且即便是普通人也能如明星一般年轻、时尚而美丽，凸显人物独有的风格与优点。

打造重点

眼妆与唇妆的处理。

主要化妆品

妆前提亮乳：MAC
粉底液：THREE 101
眼影：日月晶彩（BEIGEBEIGE01 号）、MAC（GLEAM、EXPENSIVE PINK、BRONZE、AMBER LIGHTS）
睫毛膏：恋爱魔镜（绿色滚筒款）
假睫毛：小雨造型旗下睫毛品牌 YU EYEFLASH（3 号）
腮红：MAC（MODERN MANDARIN、FOOLISH ME）
唇膏：MAC（KINDA SEXY）、NARS（RED SQUARE）

案例演示

Case demonstration

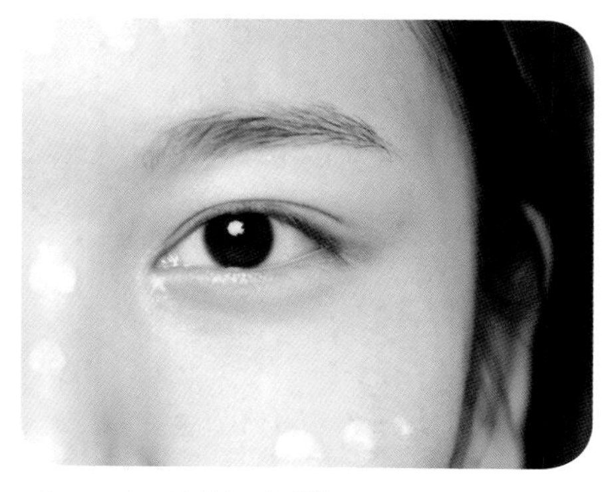

Step01 滋润皮肤。蘸取适量带有细微珠光的妆前提亮乳液，点涂于面部需要提亮的部位。这样既能滋润皮肤，避免上妆时干燥，又能对皮肤起到一定的提亮作用。

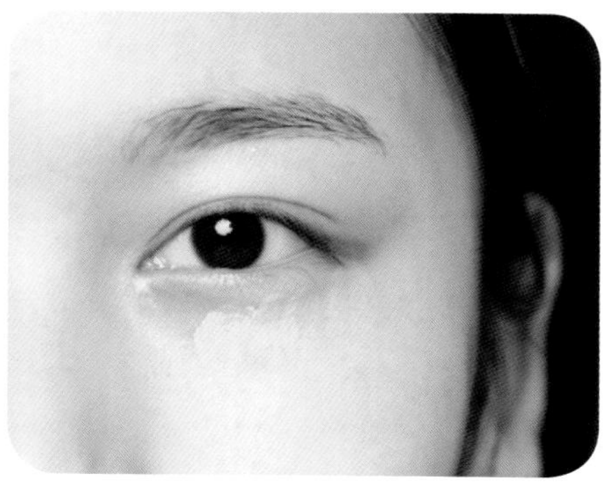

Step02 遮盖黑眼圈。将 KP 双色遮瑕膏中的橘色与黄色混合，涂抹于黑眼圈区域。涂抹时注意观察，对黑眼圈较重的地方多使用橘色，对黑眼圈较轻的地方多使用黄色。

Step03 均匀肤色。将 KP 双色遮瑕膏中的橘色与黄色混合，涂抹在嘴角等面部容易出现色素沉积、红血丝的部位。涂抹时注意观察，对较白的地方多使用黄色，对较黑的地方多使用橘色。

Step04 上底妆。蘸取适量适合模特肤色的粉底液，涂抹于面部。对瑕疵较多的部位，粉底可稍微涂厚一些；对瑕疵较少的部位，只要涂薄薄一层即可。

Step05 提亮肤色。蘸取适量比底妆浅一号的遮瑕膏，涂抹于面部 T 区、下巴和颧骨上方等高光区域，提亮肤色的同时，也能起到遮瑕的作用。

Tips

当皮肤出现较严重的痘痘、眼袋或黑眼圈时，可使用遮瑕膏做局部遮瑕处理。

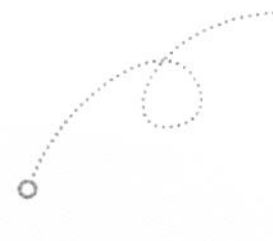

Tips

打造时尚明星减龄妆时，要保留适度的光泽感和滋润感。因此，在这里不建议使用定妆粉对全脸进行定妆。

Step06 到了这一步，底妆部分基本完成了，此时妆面会呈现出干净、通透的理想效果。

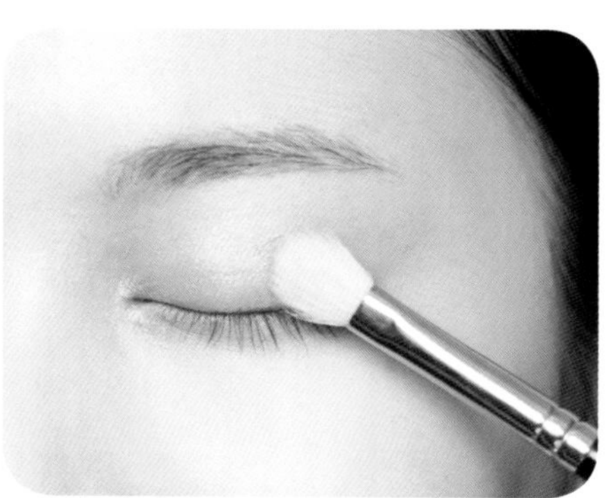

Step07 画上眼影。用定妆刷轻扫眼部，然后蘸取适量带有轻微珠光的眼影，平涂于上眼睑，增加其光泽感。

Step08 选择一款金棕色的眼影，然后用眼影刷蘸取适量眼影，平涂于上眼睑位置，使眼影更显色。涂抹眼影前，用棕色眉笔将眉毛适当描画清晰。

Step09 画下眼影。蘸取同样颜色的眼影，在下眼睑位置做适当平涂操作。涂抹时注意面积不宜过大，一般控制在卧蚕区域即可。

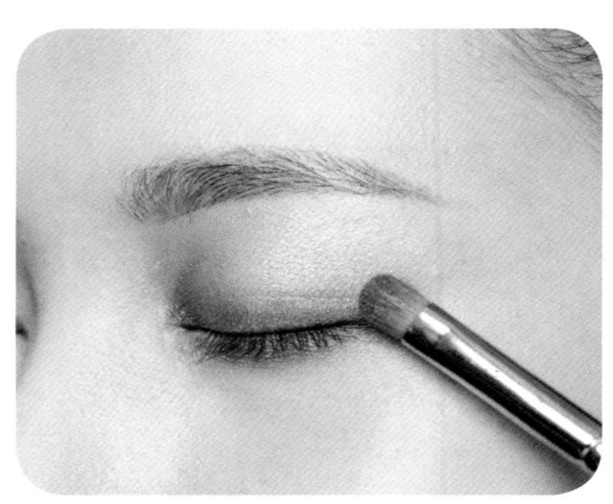

Step10 叠加上色。选择一款与上眼影同色系且颜色偏深的眼影，然后在睫毛根部平涂，让眼影更加显色，增强眼部立体感。

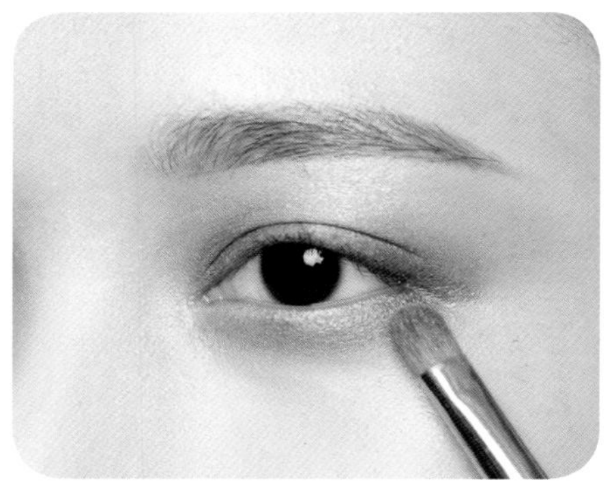

Step11 选择同样颜色偏深的眼影，然后沿着下眼睑睫毛根部晕染，使眼妆自然、干净，使眼神显得更加深邃。

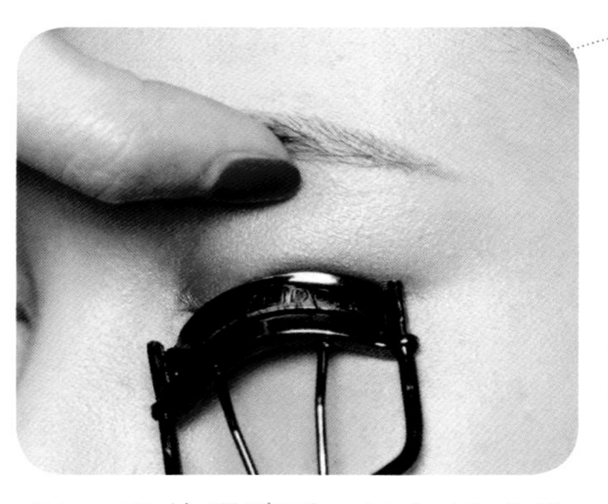

Step12 处理睫毛。用睫毛梳将掉在睫毛上的粉底和眼影残渣清理干净。提拉上眼睑，并用睫毛夹分段夹翘睫毛，使睫毛自然卷翘。

Tips

当眼头和眼尾的睫毛不易夹翘时，可以用手提拉上眼睑，让模特的眼睛向下且向与夹睫毛相反的方向看。如夹眼头的睫毛时，可让模特的眼睛向眼尾看。

Step13 选择一款纤维含量较少的睫毛膏，然后在睫毛根部轻刷一遍，让睫毛呈现出丰盈、纤长的状态。

Step14 粘贴上假睫毛。粘贴前，将假睫毛做分段剪取处理。剪取好之后，从眼尾开始，分簇将假睫毛粘贴在睫毛根部。

Step15 将假睫毛粘贴好之后，选取一款常规睫毛膏，将真假睫毛刷在一起，让真假睫毛自然结合且不分层。

Step16 粘贴下假睫毛。先将下假睫毛分段剪好，然后用镊子夹取，沿着下睫毛的缝隙处做补充粘贴。

Step17 选择一款清爽型睫毛膏，涂刷下睫毛，使真假睫毛自然地结合在一起。

Step18 处理眉毛。用螺旋刷将眉毛上多余的粉底清理干净，让眉毛清爽、自然。

Step19 选取一款适合模特眉色的眉笔，并根据眉毛的生长方向描画眉毛。一边描画一边观察眉形，哪里缺补哪里，使眉毛呈现出自然松散的状态。

Step20 画腮红。用腮红刷蘸取适量适合妆面整体颜色的腮红，然后着重从颧骨上方晕染开。这样既能增加脸部的立体感，又提升了气色。

Step21 处理唇部。为了让唇部更好地显色，用少量粉底液遮盖唇部。用唇刷蘸取适量裸色唇膏，均匀涂抹整个唇部，起到打底的作用。

Step22 挑选一款与腮红同色系的唇膏，均匀涂抹整个唇部。涂抹时注意保证唇线干净，唇部饱满、自然。

Step23 到这里，整个妆容就打造完成了。需要强调的是，本款妆容的重中之重在于保持眼妆的干净及整体妆感的细腻与精致。

Step24 最后，选择一款简单利落的低发髻发型或松散的披发与之搭配，使造型风格更加突出，让模特更显年轻。

油画少女妆

1.5

有美人倚花轻声低语，于花丛中祈望，神情脉脉。恍惚间，人隐于丛中，不禁想：到底是花照美人，还是美人映花。

妆容描述

油画少女妆是指在借鉴油画作品中人物的状态和年代感的基础上打造出的妆容。

油画是西方绘画中的主要绘画方式之一。在现代油画妆容造型中，我们需要借鉴和使用油画中一些能体现年代感的元素，然后结合当下一些比较流行的妆容手法，利用色彩的明暗变化去打造不同的妆效，从而呈现出不一样的油画少女系妆容。

打造重点

对妆容色彩的把控，五官立体效果的刻画与展现。

主要化妆品

粉底液：RMK（101）

眼影：MAC（AMBER LIGHTS、RED BRICK、COPPERING）

睫毛膏：悦诗风吟（纤细款）

眉笔：植村秀（06）

腮红：MAC（PEACHES、DEVIL）

唇膏：NARS（RED SQUARE 橘色）、MAC（KINDA SEXY 豆沙色）

金属粉：METALLIC POWDER（129 #）

案例演示

Case demonstration

Step01 均匀肤色。根据皮肤黑色素沉积的实际情况，将 KP 双色遮瑕膏中的橘色与黄色混合，涂抹于嘴角、黑眼圈等面部容易出现黑色素、红血丝的部位，起到均匀肤色的作用。

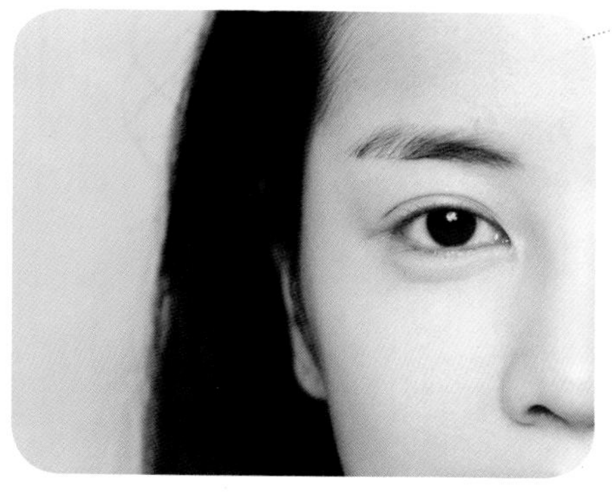

Step02 上底妆。以少量多次的方式蘸取适量的适合模特肤色的粉底液，平涂面部。涂抹时，对面部瑕疵较多的部位，粉底可以稍微涂厚一些，对面部瑕疵较少的部位只要涂薄薄一层即可。

Tips

对于油画少女妆的打造，底妆部分不需要呈现太多的光泽感。因此，当底妆过亮且不伏贴时，需要用湿海绵扑对全脸进行拍压处理。

Step03 画眼影。选取一款带有轻微珠光的单色眼影，在上眼睑做大面积平涂晕染，以提亮眼部，起到一定的打底作用。

Step04 选择一款适合妆容风格的眼影，对上下眼睑做整体晕染，让眼影呈现出自然的过渡效果，且更加显色。

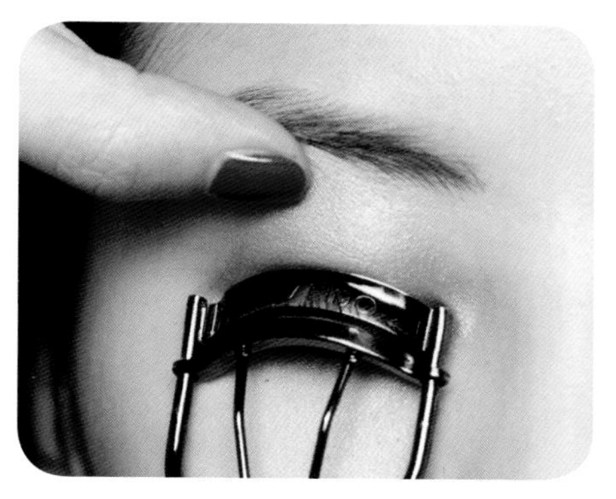

Step05 处理睫毛。用睫毛梳轻梳睫毛后，提拉上眼睑，并用睫毛夹均匀地分段夹翘睫毛，使睫毛呈现出自然卷翘的状态。

Tips

使用有一定纤维含量的睫毛膏时，注意一定要控制好用量，否则难以保持睫毛的清爽效果，反而会让睫毛出现结块的尴尬情况。

Step06 选择一款纤维含量较少的睫毛膏，轻刷于睫毛根部，让睫毛呈现出自然、丰盈且纤长的效果。

Step07 粘贴上假睫毛。选取一款浓密型假睫毛，然后做分段剪取处理。从眼尾开始，分簇将假睫毛粘贴上去。

Step08 选择一款清爽型的睫毛膏，将真假睫毛刷在一起，使其自然结合且不分层。

Step09 用睫毛梳将下睫毛梳理干净，然后用睫毛膏将下睫毛刷出根根分明的感觉。

Step10 处理眉毛。用螺旋刷将眉毛中多余的粉底残渣清理干净，使眉毛保持清爽自然。

Step11 选择一款适合模特眉色的眉笔。从眉底开始，根据模特自身的眉形和妆容需要来描画眉毛，使眉毛清晰、自然。

Step12 选择一款快干型的睫毛膏，蘸取少量，然后将眉毛轻刷一遍，使其定型并呈现出线条分明的效果。

Step13 画腮红。挑选两款深浅不一的同色系腮红。先蘸取适量颜色稍浅一些的，在面部轻扫一遍，再蘸取适量颜色稍深的腮红，在相同位置适当晕染。

Step14 用腮红刷继续蘸取颜色较深的腮红作为重点色，然后对模特左右脸颊做立体晕染，以强调和突出面部的立体感。

Step15 处理唇部。确保唇部滋润，然后用唇刷蘸取适量的裸色唇膏，涂抹整个唇部，起到打底的作用，也让后续涂抹的唇膏更加显色。

Step16 用一款与腮红同色系的唇膏涂抹整个唇部。涂抹时要注意保证唇的边缘线干净，唇部饱满、自然。

Step17 用手指蘸取适量含有细微光泽的金属粉，涂抹于唇部的中间位置，提亮唇部，使其更立体。

Step18 到这里，一款油画少女妆就完成了。此时的妆面会呈现出干净、清透的效果，且富有浓郁的少女气息。

Step19 最后，选择一款灵动大气的抽丝发型与之搭配，让整体造型在体现立体精致感的同时，又不失轻灵与柔美。

时尚轻复古妆

1.6

妩媚浪漫的格调中，那眉眼、嘴角略微上翘的弧度更显俏皮、神秘。秋波微转间，撩人心弦。

妆容描述

时尚轻复古妆是指在化妆造型中借鉴一些复古经典元素，再以现代时尚的手法表现的妆容风格。

无论是在服饰搭配中，还是在时装T台秀场中，复古都是一种流行趋势。对于许多时尚人士而言，只需将过去一些经典的元素稍加改造或结合，就可以成为时下人们追逐的潮流。那些时尚又不显得过于另类夸张的设计，很容易被大家接收且快速流行起来。

在此类妆容的打造过程中，不建议采用太过极致或夸张的元素。能够让普通人都可以轻松驾驭，才是合适的。

打造重点

复古眼线，唇妆，以及五官立体感的刻画。

主要化妆品

妆前提亮乳：MAC
粉底液：THREE 101
眼影：TOM FORD（04 HONEYMOON）
眼线膏：MAKE UP FOR EVER
睫毛膏：恋爱魔镜（绿色滚筒款）
假睫毛：小雨造型旗下睫毛品牌YUEYEFLASH（3号）
眼线液笔：KISS ME
腮红：MAC（MELBA）
高光腮红：CHEEKY BRONZE
唇膏：NARS（INFATUATED RED）

案例演示

Case demonstration

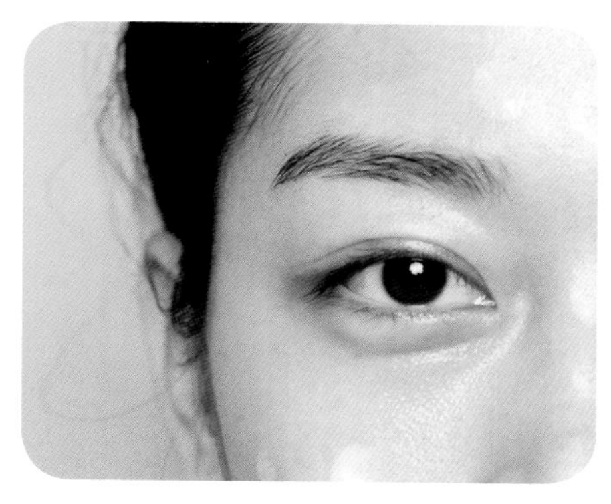

Step01 提亮肤色。选择一款带有细微珠光的乳液，点涂于面部需要提亮的部位，提亮皮肤，并起到滋润皮肤的作用。

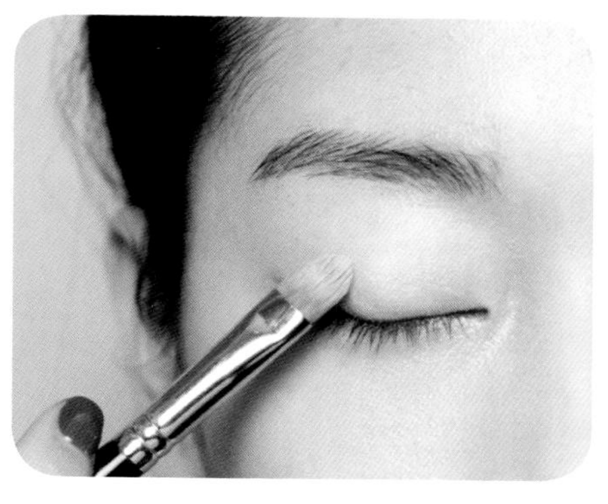

Step02 上底妆。蘸取适量颜色合适的粉底液，平涂于面部。然后蘸取适量遮瑕膏，对黑眼圈及脸部一些较明显的瑕疵部位做遮盖，让底妆看起来更干净。

Step03 画眼影。选择一款带有轻微珠光的眼影，对眼睑做单色大面积平涂操作，以增加眼部的光泽感，并起到局部定妆的作用。

Step04 选择一款金棕色眼影，然后沿着上眼睑底部晕染开，在增色的同时，增强眼部的立体感。

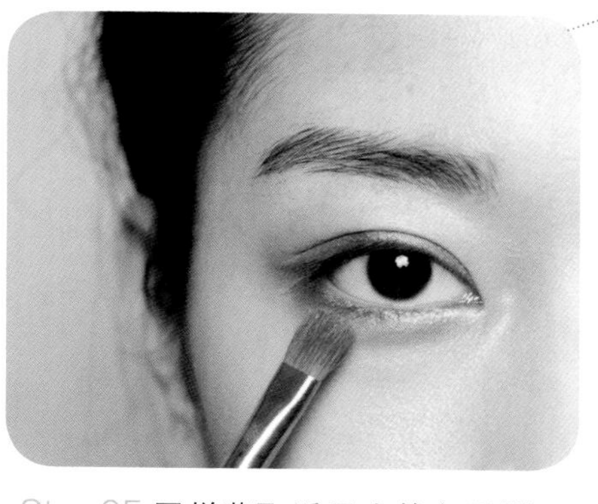

Step05 同样蘸取适量金棕色眼影，对下眼睑做适当晕染，使眼妆看起来更统一、自然。

Tips

在晕染下眼影时，注意对范围的控制。晕染的面积不可过大，以免显脏。

Step06 画眼线。用眼线刷蘸取适量眼线膏，然后从眼头开始，沿着睫毛根部涂刷至眼尾，在睫毛根部形成一条流畅而自然的线，为眼睛提神。

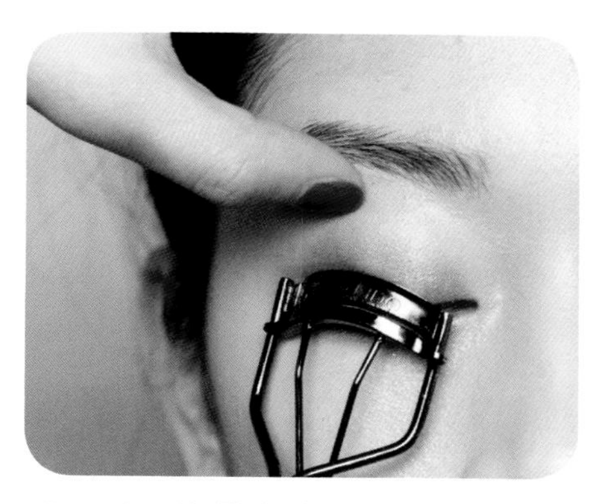

Step07 处理睫毛。用睫毛梳将掉在睫毛上的粉底和眼影残渣清理干净。然后提拉上眼睑，用睫毛夹均匀地分段夹翘睫毛，使睫毛自然卷翘。

Step08 蘸取适量睫毛定型液，均匀涂抹在睫毛根部，对睫毛起到定型的作用，让其呈现出根根分明的效果。

Step09 处理眉毛。用螺旋刷将眉毛上多余的粉底残渣清理干净，保持眉毛清爽、自然。

Step10 勾画眉形。选择颜色与发色一致的眉笔，在模特自身眉形的基础上进行眉形设计。

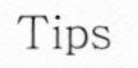

Tips

描画眉毛时，要注意保持眉色自然均匀，眉毛的颜色不宜太浓或太淡。

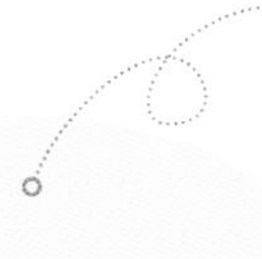

Tips

这里需要注意的是，睫毛膏要使用快干型的，不能过湿，而且睫毛膏内所含纤维也不能过多。

Step11 用睫毛膏将用眉笔勾画的眉毛轻刷一遍。

Step12 刷睫毛膏。将睫毛膏刷在睫毛根部，并梳理所有的睫毛。

Step13 选择一款清爽的下睫毛膏，将下睫毛轻刷一遍，使睫毛呈现出根根分明的状态。

Step14 粘贴假睫毛。粘贴前，将假睫毛做分段剪取处理，然后从眼尾开始，分簇将假睫毛粘贴上去。

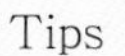

Tips

需要注意的是，粘贴的假睫毛需要呈现流畅的线条。

Tips

将真假睫毛刷在一起时，要注意用睫毛膏着重涂刷真睫毛，避免涂刷假睫毛，以免影响其清爽度。

Step15 将假睫毛粘贴好之后，用睫毛膏将真假睫毛刷在一起，以确保真假睫毛自然结合且不分层。

Step16 画眼线。用眼线液笔在睫毛根部及眼尾部画出一条流畅的眼线，使眼睛变大、拉长。

Tips

在涂扫腮红时，注意每次的用量要均匀合适。且腮红要自然晕开，避免生硬。

Step17 画腮红。用腮红刷蘸取适量MAC浅橘色腮红，涂扫面颊，加强五官的立体感。

Step18 处理唇部。用粉底刷蘸取少许粉底，对唇部做遮盖处理。然后蘸取适量裸色的唇膏，涂抹于唇部，作为打底。

Step19 用一款颜色适合整体妆面风格的口红涂抹唇部。涂抹时要注意保证唇线干净，唇形饱满、自然。

Step20 到这里，一款时尚轻复古妆容就完成了。此时妆面呈现出干净、通透的效果，且富有浓郁的优雅女神气息。

Step21 选择一款手推波纹发型与这款妆容搭配，将妆容的时尚复古与浪漫韵味充分地体现出来。

时尚创意童趣妆

1.7

人无论如何成长，心里都免不了有一些童趣和天真的情结。女孩们小时候喜欢的芭比娃娃，可以说是满足了大多数女孩对于美丽事物的追求和热爱。

在冒着粉红泡泡的世界里，芭比公主总是忽闪着大眼睛，身上穿着金光闪闪的晚礼服，引人注目。这就是我们童年记忆中的模样。

妆容描述

时尚创意童趣妆是指在将唯美、童趣等元素结合在一起的前提下，运用时尚的造型手法打造出的妆容。在打造妆容时，需要确保造型呈现出的唯美感能被大众接受，再结合化妆师自身的一些创意、想法，将唯美风格与童趣元素结合，呈现出女孩内心深处的公主梦。

打造重点

各种元素的搭配和对色彩的把控。

主要化妆品

粉底液：THREE 101
眼影：日月晶彩（BEIGEBEIGE01 号）、MAC（GLEAM、EXPENSIVE PINK、BRONZE、AMBER LIGHTS）
睫毛定型液：娇韵诗
睫毛膏：恋爱魔镜（绿色滚筒款）
假睫毛：上睫毛［小雨造型旗下睫毛品牌 YUEYE FLASH（3 号）］、下睫毛［YU EYEFLASH（1 号）］
腮红：资生堂心机系列（粉色 PK 200）
唇膏：MAC（KINDA SEXY、CANDY YUM YUM）

案例演示

Case demonstration

Step01 提亮肤色。选择一款带有细微珠光的乳液，点涂于面部需要提亮的部位，增加面部的光泽感，也让底妆更显清透。

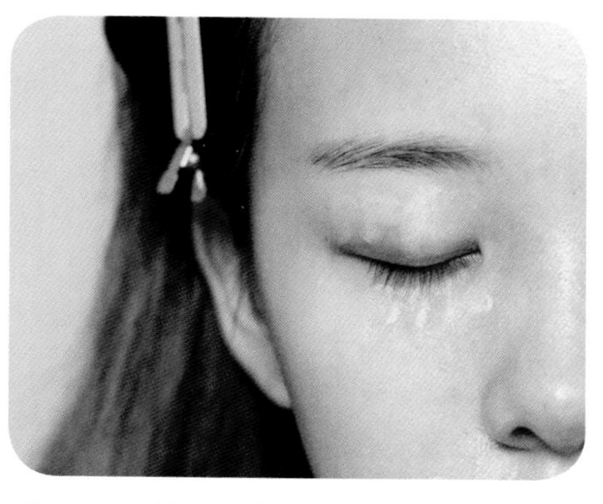

Step02 均匀肤色。将 KP 双色遮瑕膏中的橘色与黄色混合，涂抹于黑眼圈、嘴角等面部容易出现色素沉积或红血丝的部位。

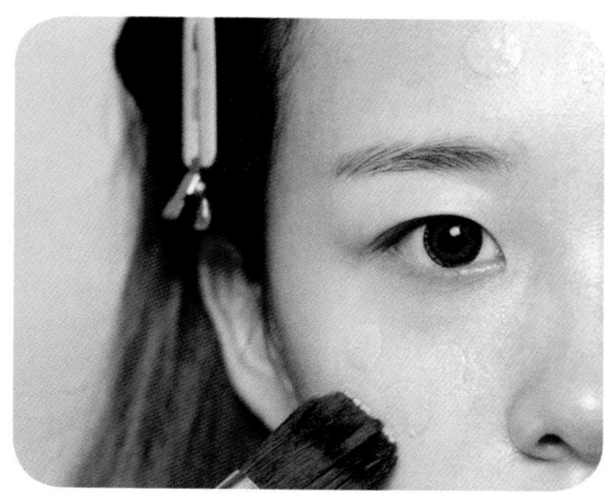

Step03 上底妆。用粉底刷蘸取适量粉底液，轻扫面部。对面部瑕疵较多的部位，粉底可以稍微涂厚一些；对面部瑕疵较少的部位，只需涂薄薄一层即可。

Step04 遮盖瑕疵。蘸取适量的遮瑕膏，对黑眼圈过重及面部有明显瑕疵的部位做二次遮瑕，使底妆看起来更加干净、清透。

Step05 定妆。用散粉刷蘸取适量透明定妆粉，轻扫于眼睛周围，做局部定妆。注意避免后续画眼影时眼部出现明显的卡粉现象。

Tips

要让妆面保持一定的光泽感，无需对全脸定妆，只对眼部做局部定妆即可。

Step06 画眼影。蘸取适量带有轻微珠光的眼影，大面积平涂于眼睑，在增加眼部光泽感的同时，起到打底的作用。

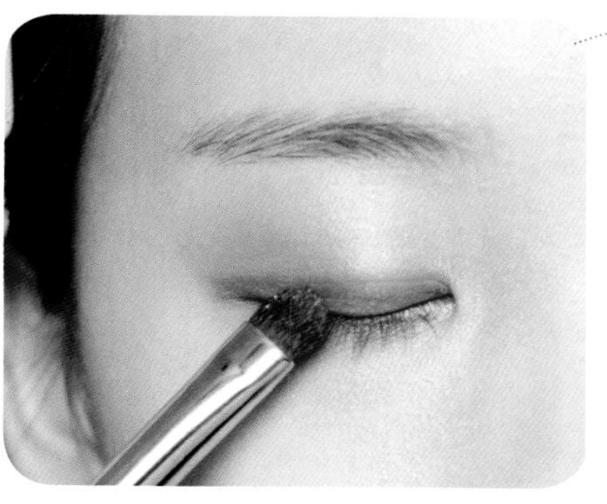

Step07 选择一款颜色较深的眼影，沿着上眼睑底部做适当的晕染，作为表现色。

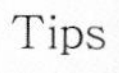

Tips

此处需要注意的是，在涂抹眼影时，面积不能过大，以免妆感显得过于成熟。

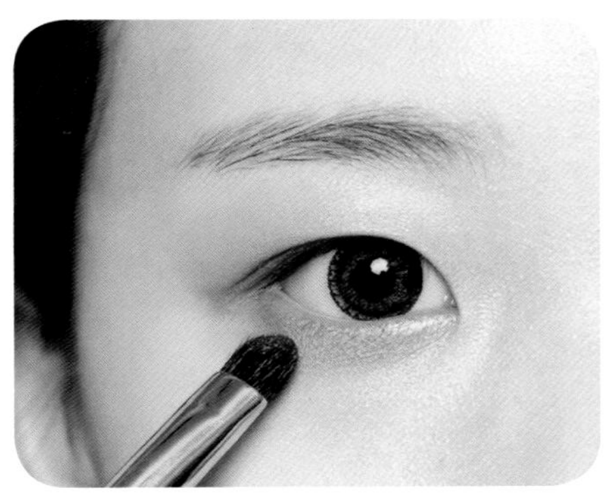

Step08 蘸取少量同样颜色的眼影，然后对下眼睑小面积涂抹和晕染，使其与上眼影自然结合。

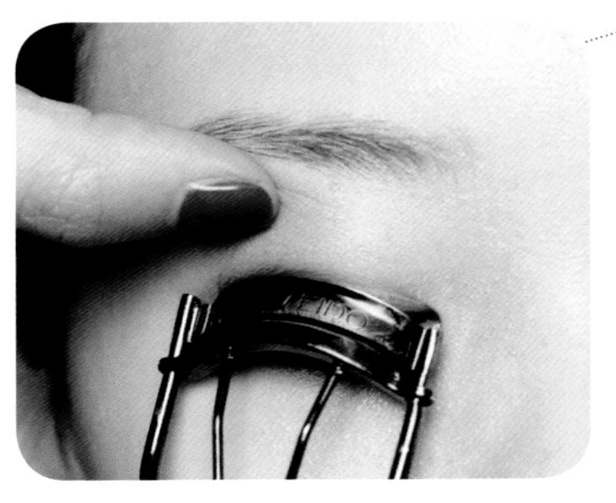

Step09 夹翘睫毛。轻轻提拉上眼睑，并用睫毛夹均匀地分段夹翘睫毛。蘸取适量睫毛定型液，涂刷在睫毛根部，将睫毛定型。

Tips

将睫毛夹翘之后，需要蘸取适量睫毛定型液，对睫毛定型，使睫毛卷翘度更持久。

Step10 处理眉毛。用螺旋刷将眉毛上多余的粉底残渣轻轻扫掉，保持眉毛的干净、清爽。

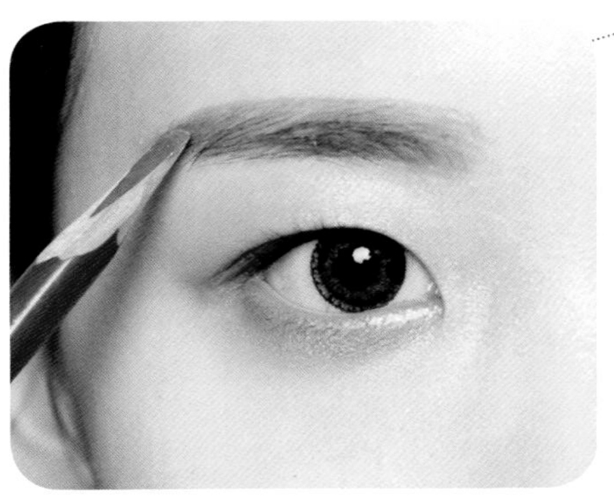

Step11 选择一款颜色合适的眉笔，顺着眉毛的生长方向描画眉毛。

Tips

描画眉毛时要仔细，哪里缺补哪里，使整体眉毛呈现出自然、松散的状态。

Step12 蘸取适量的染眉膏，轻刷在眉毛上，让整体妆色更加统一。

Step13 处理睫毛。用睫毛夹将睫毛再夹一遍，然后蘸取适量睫毛膏，涂刷睫毛，使其更加浓密、卷翘。

Step14 将假睫毛分段剪取，然后从眼尾开始，将假睫毛分簇粘贴在真睫毛的根部。

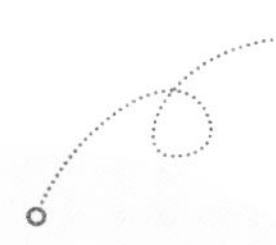

Tips

在涂刷睫毛时，要从睫毛根部开始，并以少量多次的方式进行。要注意避免一次性用量过多，否则会使涂刷后的睫毛不自然。

Step15 将假睫毛粘贴好之后，选择一款自然清爽型的睫毛膏，轻轻涂刷睫毛，将真假睫毛自然地结合在一起，且确保其不分层。

Step16 画腮红。用腮红刷蘸取适量粉色系的腮红，轻扫左右面颊，并适当向内侧晕染，自然连接至鼻梁位置。晕染腮红时，用量可比普通妆面稍多一些，以凸显少女气息。

Step17 处理唇部。用粉底刷蘸取少许粉底液，沿着唇线边缘往内适当涂抹，以遮盖住唇部本身的颜色。

Step18 用唇刷蘸取适量的裸色唇膏，涂抹整个唇部，以起到打底的作用。

Tips

处理唇部之前，若发现唇部太干，则需要及时做去角质处理，以使唇部滋润。

Step19 用唇刷蘸取适量粉色系的唇膏，涂抹整个唇部。涂抹时要保证唇的边缘线干净，唇部饱满、自然。

Step20 将一些大小不一且颜色合适的亮片粘贴于腮红、高光、嘴唇等区域。这样，在体现创意感的同时，凸显了妆面的唯美和童趣感。

Step21 选择一款短烫发型与此妆容搭配，让妆面风格更加突出，让满满的唯美风和童趣感呼之欲出。

02

发型篇

Hair Section

极致的柔美与纯净，晨起雨露中的草绿，争先绽放的粉白。那随意垂落的发丝，似不能多，却也不能少。

日系唯美烫发造型

2.1

初心懵懂，心似小鹿乱撞。光影中，仿佛一切无所遁形。

- 日系唯美烫发是从日本传入中国的一种时尚造型手法，其优势在于较容易凸显年轻和甜美，常与编发结合使用。在日常生活中，纯粹的卷发一般会让人较显成熟，而将直发编成辫子又过于单调，且不够时尚。而日系烫发则可以很好地将两者结合起来，使头发在曲直之间变化，使造型在为女性增加女人味儿的同时，又不显得过于成熟。在具体手法的运用上，将日系烫发造型技巧与日常的编发技巧相结合，可以充分彰显编发的特点和魅力，凸显女性的甜美与俏皮。

- 配饰上一般选择点缀式的鲜花、海星及蝴蝶结等时尚的饰品，这样可以充分体现女性所喜欢的可爱、甜美和俏皮等风格。

- 该类造型的打造重点在于将日系烫发与编发这两种造型手法很好地结合起来。

浪漫优雅范儿

运用手法

烫卷，抽丝。

注意要点

烫发时要注意将发尾留出；使用发胶定型时，注意用量不可过多，以免影响头发的蓬松感。

使用工具

25 号卷发棒，发胶，适量花材。

案例演示 Case demonstration

Step01 烫卷头发。将头发理顺，并竖向分片。然后用 25 号卷发棒一正一反地将头发适当烫卷，使其呈现出自然的纹理。

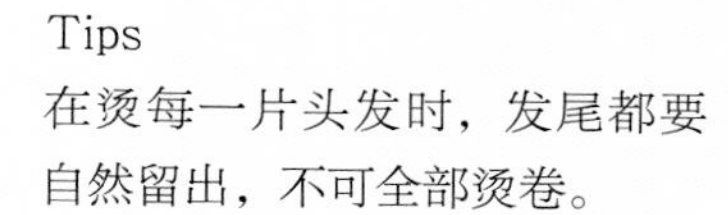

Tips
在烫每一片头发时，发尾都要自然留出，不可全部烫卷。

Step02 将刘海区头发竖向分片，然后往一个方向进行烫卷。

Step03 将所有头发都烫出好看的纹理之后，结束烫发操作。

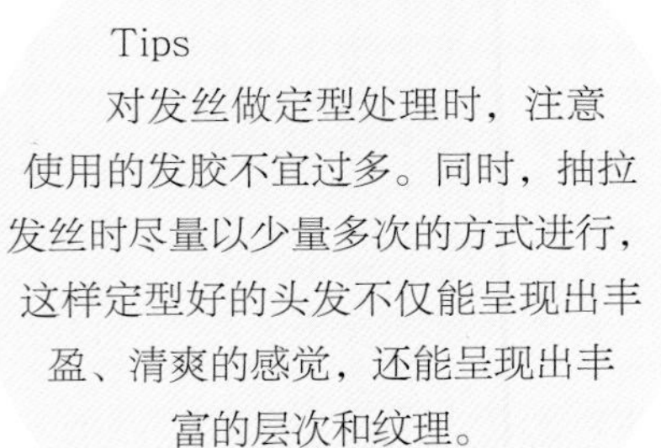

Tips

对发丝做定型处理时，注意使用的发胶不宜过多。同时，抽拉发丝时尽量以少量多次的方式进行，这样定型好的头发不仅能呈现出丰盈、清爽的感觉，还能呈现出丰富的层次和纹理。

Step04 抽拉发丝。将所有头发都烫好之后，切忌用气垫梳梳理头发。用手从头发中均匀地抽拉出一些发丝，并喷适量发胶定型。

Step05 佩戴饰品。将一些零碎的小花朵佩戴在头部的右侧位置，在修饰发型的同时，在摄影时还增强了画面的空间感。

Step06 选择一个提前做好的花环，将其佩戴在头部的左侧位置。要保证左右两边的鲜花自然衔接。

Step07 观察发型，用一些零碎的鲜花对其进行填充，使发型从整体上看更加美观、饱满、自然。造型完成。

森系唯美范儿

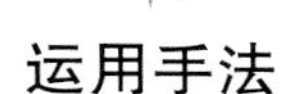

运用手法

烫卷，两股加编，抽丝，四股编发。

注意要点

编发时要保持发辫的干净、自然；抽丝处理时力度要均匀、合适，避免头发凌乱；固定发辫时头发与头发要自然衔接，且保持头发的蓬松、自然。

使用工具

直板夹，皮筋，U形卡，适量花材。

案例演示

Case demonstration

Step01 烫卷头发。将头发均匀分片，然后取一片发片，置于直板夹上方后夹紧，并将其向下向内滚动一下，停顿数秒后松开。

Step02 将发片置于直板夹下方，将夹板顺着刚烫好的发片的下方夹紧，同时向上向内滚动一下，停顿数秒后松开。

Step03 按照以上的操作方法，将头发分片并烫卷。注意适当留出发尾。

Tips

注意，烫好的头发切忌用气垫梳梳理，只需用手将头发整理出合适的纹理即可。

Step04 处理顶区头发。将头发全部烫好之后，将顶区的头发取出，使其呈弧形并用皮筋固定。

Step05 从固定好的头发的中间位置用左手拨出一个开口，用右手提拉发尾。

Step06 将提拉的发尾从开口处由上向下穿过，用左手将发尾拉出来。

Step07 上一步操作完成之后，将头发收紧，使顶区更加饱满。

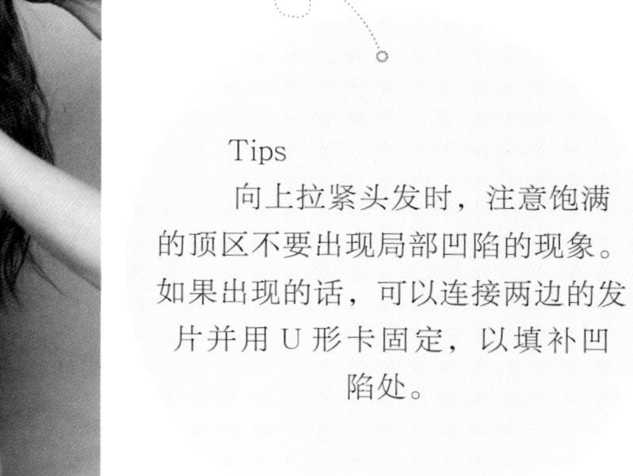

Tips

向上拉紧头发时，注意饱满的顶区不要出现局部凹陷的现象。如果出现的话，可以连接两边的发片并用U形卡固定，以填补凹陷处。

Step08 处理左侧区头发。将顶区头发处理好之后，从左侧取一束发片，并一分为二。

Step09 将分好的头发做两股加编处理，一边编发一边捋顺头发。

Step10 继续上一步，编发时头发表面要干净，切忌毛糙。注意发辫要保持一定的蓬松度和纹理感。

Step11 将编好的头发做适当的抽丝处理，使其更加蓬松，纹理更加丰富。然后沿着顶区与左侧区衔接处进行固定。

Step12 按照以上方法，对右侧区头发做同样的处理。处理时注意左右两侧区的发辫要对称。

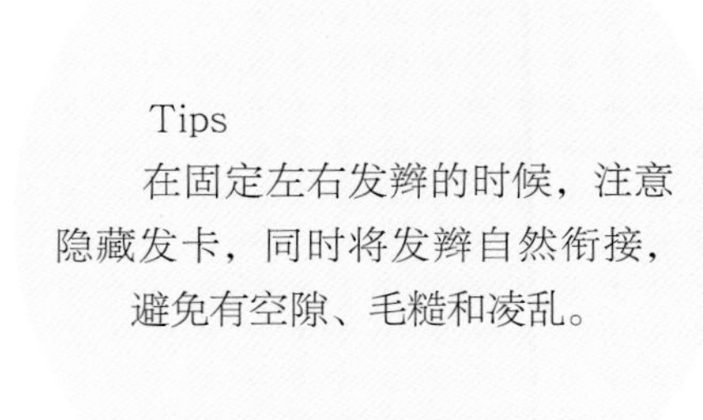

Tips

在固定左右发辫的时候，注意隐藏发卡，同时将发辫自然衔接，避免有空隙、毛糙和凌乱。

Step13 将处理好的头发继续用U形卡固定，使头发与头发自然衔接，不留明显的缝隙。

Step14 处理后区头发。将后区头发分为左右两份，然后将左侧一份头发分为A、B、C、D四份。

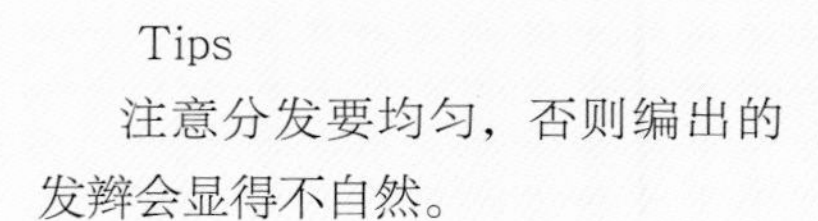

Tips

注意分发要均匀，否则编出的发辫会显得不自然。

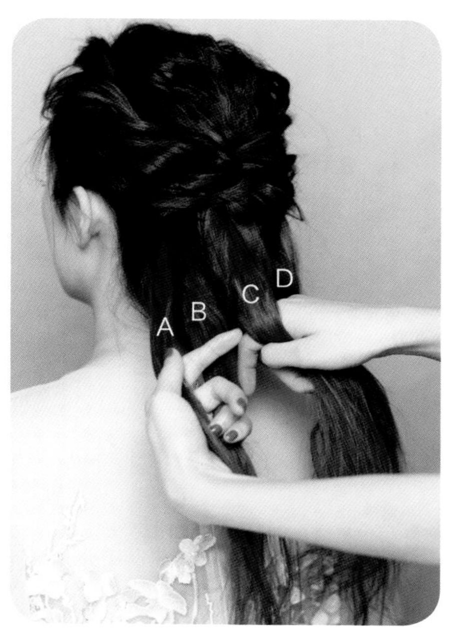

Step15 将左侧头发分好后，适当捋顺头发，使其保持干净、光滑，以便后续做四股编发处理。

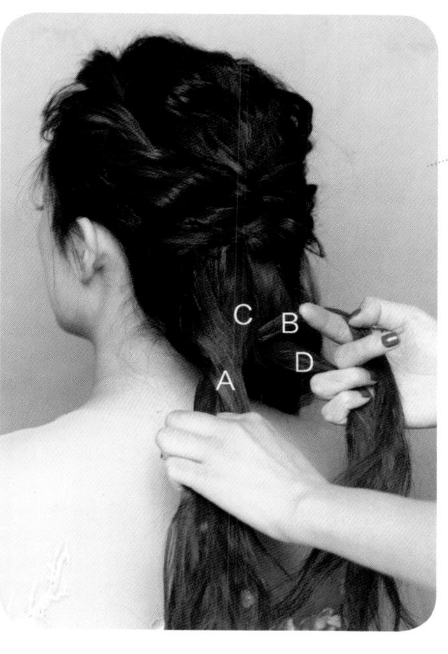

Step16 用左手中指钩拉 C 发片，同时将 A 发片压在 C 发片上，用右手食指钩拉 B 发片。

Tips

在编发时，要注意保持头发的干净、顺滑，避免毛糙，否则会影响发型最终的整体效果。

Step17 将 D 发片压在 A 发片上，将 C 发片压在 D 发片上。

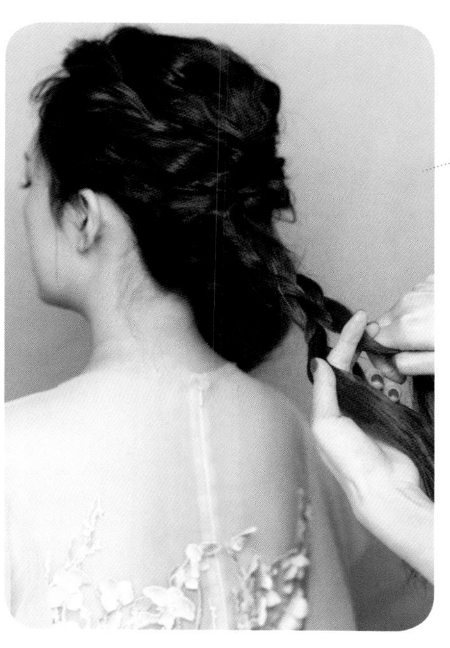

Step18 将以上两步相结合，然后反复操作，直至编至发尾。

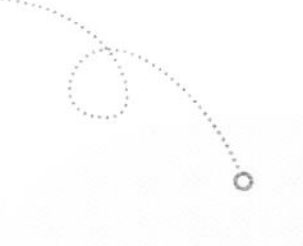

Tips

编发时，注意捋顺头发，同时注意发辫的松紧度要合适，以便后续做抽丝处理时效果更自然。

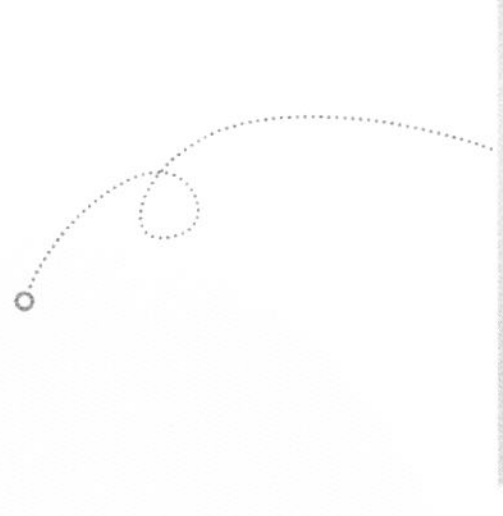

Tips

注意编发时辫子的光滑度和干净度会直接影响后续发型的成型效果。

Step19 将头发编至发尾后用皮筋固定。然后对后区右侧头发做同样的处理。处理完成后对左侧的发辫进行抽丝。

Step20 直至将辫子抽丝处理至发尾。抽丝时注意力度要均匀、合适，以保持发辫自然、蓬松。

Step21 将另外一条辫子做同样的处理。在处理完成之后，将左右发辫交叉拧在一起。

Step22 拧至发尾，用皮筋将发尾固定。然后做适当的调整，使辫子的轮廓看起来自然而饱满。

Step23 佩戴饰品。将花材合理地佩戴在头部，在遮挡皮筋的同时，能够起到一定的填补作用。造型完成。

轻灵俏皮范儿

运用手法

烫卷，拧包，抽丝，两股拧绳。

注意要点

用发胶定型时注意用量不可过多；固定头发时要注意保持头发的蓬松、自然，避免有空隙。

使用工具

25号卷发棒，发胶，发卡，适量花材。

案例演示

Case demonstration

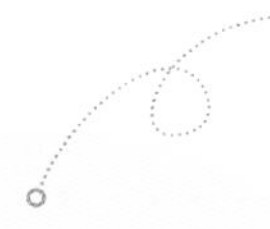

Tips

在这一步需要注意的是，此时烫卷后的发尾可以适当带一点弧度。

Step01 烫卷头发。将头发理顺，然后用 25 号卷发棒做竖向烫卷处理，使头发呈现出丰富的纹理。

Step02 处理顶区头发。将顶区的头发分出来，然后拧成一个发包，并用发卡将其固定。

Step03 在发包表面提拉出一些发丝，喷适量的发胶将其定型。

Step04 处理右侧区头发。将右侧区头发用手顺着发包向后梳理出一定的纹理，并均匀分为两份。

Step05 接着上一步，将分好的头发做两股拧绳处理。拧绳时要注意保持发辫的干净、整洁，避免毛糙。

Step06 将拧好的头发沿着发包边缘进行固定，要确保拧绳与发包紧密衔接。

Step07 将拧绳固定好，调整头发的形状和纹理，使其自然。

Step08 按照右侧区头发的处理方式，对左侧区头发做同样的处理。将左侧区头发均匀分为两份。

Step09 将分好的头发做两股拧绳处理。处理时注意适当调整拧绳的纹理，使拧绳更加蓬松。

Step10 上一步完成之后，将拧好的头发沿着发包固定。固定时也要调整纹理，使拧绳与发包紧密衔接。

Step11 调整后如果衔接的头发无法连接在一起，可以用 U 形卡固定。

Step12 将左右两侧区的头发拧绳并固定好之后，一边提拉发丝一边喷适量的发胶固定，使整体发型更加蓬松、自然。

Step13 处理刘海。用卷发棒将刘海区的头发做适当的烫卷处理，直至其呈现出理想的纹理效果。

Step14 处理后区头发。用卷发棒对后区头发再次做竖向烫卷处理，让头发的纹理更加明显一些。烫好后适当调整发卷，使其自然垂下。

Step15 佩戴发饰。将提前做好的花饰佩戴在头部左侧，以修饰发型，并增加一些俏皮感。

Step16 取一些零碎的鲜花，点缀在脑后位置，在填补头发空缺的同时，将头发的纹理衬托得更加明显。造型完成。

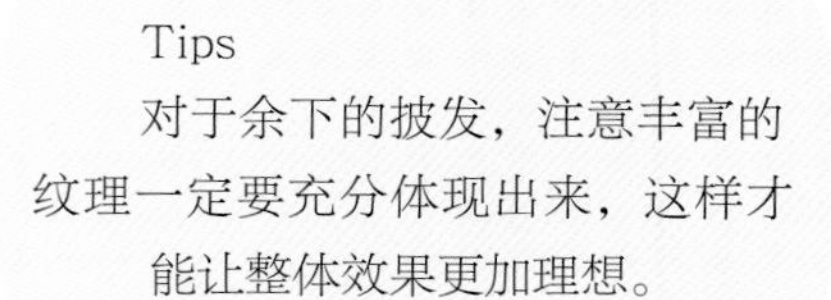

Tips

对于余下的披发，注意丰富的纹理一定要充分体现出来，这样才能让整体效果更加理想。

日系甜美盘发造型

2.2

眸中似有水光，如阳光映射下的湖水般清透而柔和；笑颜似晨曦的雾气，如朦胧的烟雨，甘甜而沁人心脾。

- 日系盘发造型着重突出属于小女生的甜美与清秀。各种造型技法的运用与发丝的配合，使整体造型呈现出满满的轻盈感，干净利落又不失灵动、自然。

- 饰品上一般选择具有轻盈感的蝴蝶饰品、羽毛饰品和水晶饰品等与此款造型搭配；服饰上不建议选择厚重感过强的。

- 该类造型的打造重点在于烫发、编发和发丝的结合与运用，适合中短发的女性使用。编发的运用一般适合发色较浅的女性，如此纹理感才能体现得更充分。

甜美浪漫范儿

运用手法

烫卷，两股加编，抽丝，两股拧绳。

注意要点

编发时取发要均匀，而且编出的头发要保持干净、蓬松和自然；抽丝时力度要均匀，切忌使头发凌乱；固定头发时要隐藏发尾，且保持头发与头发自然衔接。

使用工具

直板夹，尖尾梳，发卡，花饰。

案例演示

Case demonstration

Step01 烫卷头发。将头发理顺后均匀分片，用直板夹以一正一反的手法对头发做烫卷处理。

Step02 将头发烫好之后，用手梳开，使其自然蓬松，并呈现出丰富的纹理。

Step03 用尖尾梳将刘海区以 Z 字形划分出来。划分时注意刘海区的发量要合适。

Tips

进行两股加编处理时，注意取发的位置不宜过高，切忌取用刘海区的头发，否则会影响最终的发型效果。

Step04 处理顶区头发。取顶区左侧的一束头发，并将其均匀分为两份，然后做两股加编处理。

Step05 将头发编至发尾，然后将发辫做适当抽丝处理，使其纹理清晰，接着将头发固定。注意顶区要保持较好的蓬松感。

Step06 从顶区右侧取一束头发，并均匀分为两份，然后按以上步骤做同样的处理。

Step07 将顶区右侧的头发处理好之后，将左右两侧的头发衔接并用 U 形卡固定。

Step08 处理右侧区头发。将右侧区头发与刘海区头发划分开，对右侧区头发进行两股加编处理。

Step09 将头发编至发尾，然后将左侧区头发同样做两股加编处理。

Step10 处理刘海区头发。从右侧开始，将右侧的刘海做两股加编处理。

Tips

编发时要注意取发均匀，且保持头发的蓬松、自然。如果此时刘海单侧区的发量过多，可以分两次进行两股加编处理。

Step11 将头发编至发尾，然后适当抽松头发，使其更加蓬松，纹理感也更好。

Step12 将处理好的头发向后固定于后区。按照以上步骤，将左侧的刘海做同样的处理。

Step13 处理后区的头发。从左侧开始，将后区的头发均匀分片，然后分别做两股拧绳处理。

Step14 将每片头发处理好之后，均匀固定在脑后位置。固定时要注意隐藏发尾。

Step15 将所有后区的头发都处理完毕后，适当抽松并整理，使其自然衔接在一起，形成一个发髻。

Step16 佩戴饰品。将提前准备好的水晶头箍与耳饰佩戴上，装饰发型的同时起到修饰脸形的作用。造型完成。

时尚轻灵范儿

运用手法

烫卷，抽丝，三加二编发，两股加编。

注意要点

分发时发量要均匀；编发时取发要均匀，且让头发保持一定的蓬松感；提拉发丝或抽丝时力度要均匀，切忌使头发凌乱。

使用工具

尖尾梳，皮筋，花饰。

案例演示

Case demonstration

Step01 处理刘海区头发。将所有头发烫卷，保持头发蓬松、自然。然后用尖尾梳将刘海区的头发呈 Z 字形划分出来。

Step02 取刘海区的一束头发，然后一分为二，以反向的手法向右做两股加编处理。

Step03 将头发编至发尾，然后适当做抽丝处理，并沿着前额固定。

Step04 从刘海区再次取一束头发，然后均匀分为三份。

Step05 将分好的头发做三加二编发处理。

Step06 将头发编至发尾，然后抽丝并沿着刘海区前方的发辫进行固定。

Step07 处理顶区头发。取顶区头发，用手梳理出合适的纹理，然后用皮筋固定。

Step08 用左手从固定好的头发的中间位置拨出一个开口，用右手提拉起发尾。

Step09 继续上一步操作，将提拉起的发尾由外向内穿过开口，然后用左手将发尾轻轻拉出来。

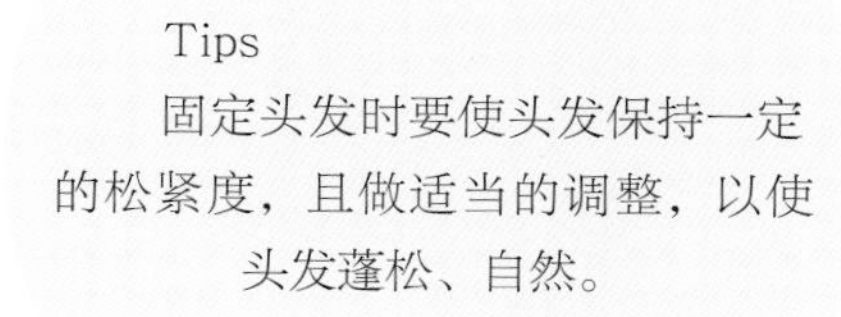

Tips

固定头发时要使头发保持一定的松紧度，且做适当的调整，以使头发蓬松、自然。

Step10 上一步操作完成之后，适当抽丝，并将发尾连同后区和右侧区的头发固定在一起。

Step11 用一只手从固定好的马尾中间位置拨出一个开口，用另一只手提拉起发尾往内塞。

Step12 将往内塞的发尾往下拉出来，然后做适当调整，使头发蓬松，且呈现出丰富的纹理。

Step13 处理左侧区头发。在左侧区最前方取一束头发，并一分为二，然后将头发往后进行两股加编处理。

Step14 将头发编至发尾，然后对发辫做适当抽丝处理，使其蓬松、自然。

Step15 将调整好的头发往后固定在后区。

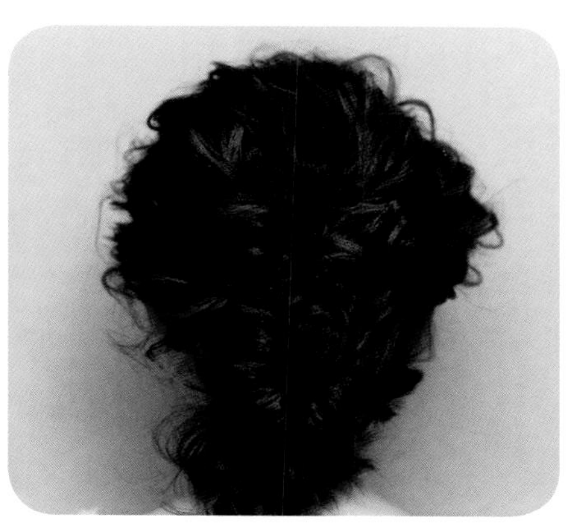

Step16 将左侧区的头发固定好之后，调整整体发型。

Step17 佩戴饰品。将准备好的饰品佩戴在头上。造型完成。

唯美田园烫发造型

2.3

那散发着满满灵气的少女，有着少有的纯净与美好，眼神干净透彻如泉水一般。秀丽的脸庞，娇憨的个性，沉静中蕴含着活力，爽朗中略带有几分羞涩，美好得让人不舍得移开视线。

- 在造型制作中，围绕“灵动”“轻盈”等主题，将不同的元素进行组合。结合不同手法做出的发型以发丝与配饰的搭配为主，辅以羽毛、蕾丝、碎花等元素，让整体造型显得轻柔、唯美。
- 此类造型的打造重点在于刘海区发丝的处理与饰品的搭配要合适，使整体造型唯美而不失女性的清丽、灵气。

田园浪漫范儿

运用手法

烫卷，两股拧绳，抽丝。

注意要点

烫发时头发的卷度要合适；编发时头发要保持干净、蓬松和自然；对头发进行抽丝处理时，力度要均匀、合适，切忌使头发凌乱；固定头发时要注意隐藏发尾，且保持头发与头发自然衔接。

使用工具

25号卷发棒，发卡，发胶，饰品。

案例演示

Case demonstration

Step01 烫卷头发。横向分发片，用 25 号卷发棒将头发全部烫卷。注意烫发时方向要一致。

Step02 处理右侧区头发。用气垫梳梳开头发，然后取右侧区头发，顺着头发的纹理拧发。

Step03 将头发拧到发尾之后，保持上面的纹理不变，然后将发尾进行两股拧绳处理。

Step04 将处理好的头发固定在耳上方。适当调整固定好的头发，使其呈现出微微松散的状态。

Step05 处理后区右侧的头发。取后区右侧的一束头发，做两股拧绳处理，然后适当抽松。

Step06 将抽松后的头发固定在耳后位置。固定时要使发辫卷成一个花苞状，并与第一个发包自然衔接。

Step07 按照以上的操作方法，将后区右侧的头发分束做拧绳抽松处理，并分别固定。

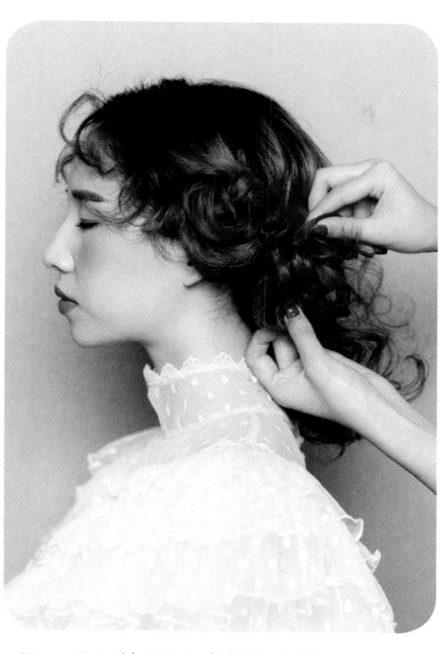

Step08 处理左侧区头发。取左侧区头发，做两股拧绳处理，抽松后固定在耳上方。

Step09 处理后区左侧头发。将后区左侧的头发一分为二，同样做两股拧绳和抽松处理，扭转成发包后固定。

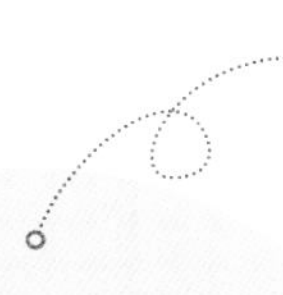

Tips

在固定头发时，除了要保证头发与左右两边的头发自然衔接以外，还要考虑整体发型的轮廓效果，然后做适当调整。

Step10 固定处理好的头发时，要注意与旁边的头发自然衔接。

Step11 定型和佩戴饰品。提拉头发，并喷适量发胶定型。最后佩戴饰品。造型完成。

唯美清新范儿

运用手法

烫卷，翻卷，抽松，三股编发。

注意要点

烫发时头发的卷度要合适；对头发做翻卷处理和编发时，头发要保持干净、蓬松和自然；对头发进行抽松处理时，力度要均匀、合适，切忌使头发凌乱；固定头发时，要隐藏发尾，且保持头发与头发自然衔接。

使用工具

25 号卷发棒，发卡，发胶，饰品。

案例演示

Case demonstration

Step01 烫卷头发。用 25 号卷发棒将刘海区的头发做分簇烫卷处理。烫卷时，注意头发的弧度要自然。

Step02 处理右侧区头发。从头顶位置开始，取右侧区的一束头发，然后捋顺，将其轻轻往上做翻卷处理。

Step03 将头发翻卷至发尾之后，适当将头发的表面抽松，然后固定。

Step04 继续从右侧区略靠下的位置取一束头发，然后同样往上做翻卷处理。

Step05 将头发翻卷至发尾，然后做适当抽松处理并固定。

Step06 按照右侧区的操作方法，将左侧区头发做同样的处理。

Step07 处理后区头发。后区从右侧开始操作。取后区右侧的头发，并均匀分为三份。

Step08 将分好的头发编成三股辫，适当抽松，使其蓬松、均匀且自然。

Step09 将抽松的头发打卷并固定在耳后位置，注意隐藏发卡。

Step10 将后区左侧的头发均匀分为三份，然后编成三股辫，并同样做抽松处理。

Step11 将抽松的头发打卷并固定在左侧耳后位置。固定后需要适当调整头发的形状，使其自然、蓬松且饱满。

Step12 佩戴饰品。选择轻盈感较好的羽毛配饰，佩戴在头上，使其与发型相搭配。造型完成。

清新优雅范儿

运用手法

抽松，三股编发，提拉发丝，三加二编发。

注意要点

在编发和对头发进行抽松处理时，头发要保持干净、蓬松，编发和抽松的力度要均匀、合适，切忌使头发凌乱；固定头发时，注意隐藏发尾，要保持头发与头发自然衔接；定型时切忌使用过量发胶，以免影响发型的最终效果。

使用工具

发卡，发胶，饰品。

案例演示

Case demonstration

Step01 处理右侧区头发。确保头发有一定卷度，然后从右侧区偏头顶位置取一束头发，做三股编发处理。编发前要将刘海区的发丝留出。

Step02 将编好的发辫适当抽丝拉松，并盘绕在额头发际线处。固定发辫时，要注意对脸形的修饰。

Step03 将上一步操作完成之后，把右侧区下方剩余的头发捋顺，并均匀分为三份，然后做三股编发处理。编发时要注意保持发辫的干净、整洁。

Step04 将三股辫编好之后，适当抽丝拉松，盘绕并衔接固定于上一条发辫下方。

Step05 处理左侧区头发。从左侧区偏顶部的位置取一束头发，然后做三股编发处理。

Step06 将头发编好之后，做适当的抽丝拉松处理，然后往上盘绕并固定于额前位置。

Step07 将发辫固定好之后，将左侧区剩余的头发同样做三股编发处理，然后适当抽松，往上盘绕并固定。固定时注意衔接要自然。

Step08 处理后区头发。从后区顶部的位置取一束头发，然后均匀分为三份，并往下做三加二编发处理。

Step09 编发时要保持头发表面干净、整洁，取发要均匀、合适。要注意使编好的头发有一定的蓬松度。

Step10 以三加二的手法将头发编至后发际线处，将剩余的头发编三股辫，将编好的头发做抽松处理。

Step11 将抽松的头发沿着左侧发际线进行固定。固定时要确保与左侧区的头发自然衔接，避免有空隙。

Step12 佩戴饰品和定型。将饰品佩戴在头上，然后用手提拉发丝，喷适量发胶定型。造型完成。

时尚浪漫编发造型

2.4

清甜似纯净甘甜的井水，轻灵似漫天飞舞的蒲公英，柔美似被雨水打落满地的合欢花。抬眸转身间，只余一抹清香于空气中。

在时尚浪漫编发造型中，编发为最常用的元素之一。而对于造型的具体打造来说，当我们想要让整体造型体现出人物的年轻感时，编发则有较好的“减龄”效果。

这一类造型常与甜美田园、少女系复古及波西米亚等风格结合使用。同时，此类造型的打造重点在于运用不同的辫子元素打造出既年轻又浪漫的感觉。在服装与配饰的搭配上，在凸显时尚浪漫风格的同时，要与整体妆容造型相辅相成才可以。

时尚田园范儿

运用手法

烫卷，三加二编发，抽丝，两股拧绳。

注意要点

编发和对头发进行抽丝处理时，头发要保持干净、蓬松和自然，编发和抽丝的力度要均匀、合适，切忌使头发凌乱；固定头发时，注意隐藏发尾，且保持头发与头发自然衔接；定型时切忌使用过量发胶，以免影响发型的最终效果。

使用工具

25 号卷发棒，发卡，发胶，卷发器，花饰。

案例演示

Case demonstration

Step01 烫卷头发。先将头发竖向分片，然后用 25 号卷发棒将头发做分片烫卷处理。烫发时注意方向要一致。

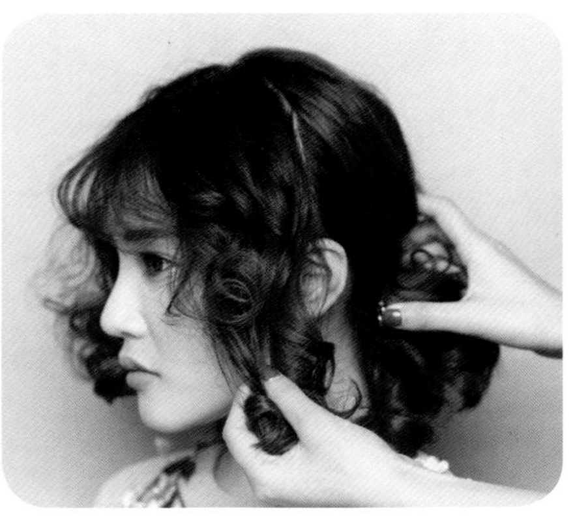

Step02 分区。将所有头发烫好之后，适当捋顺，并把头发分为刘海区、左侧区、右侧区和后区。

Step03 处理右侧区头发。取右侧区底部的一束头发，向上提拉并均匀分为三份，然后做三加二编发处理。

Step04 继续编发，编发时，要注意将刘海区的发丝自然留出。

Step05 将右侧区头发从上沿着发际线继续编发。

Tips

为了确保后续固定发辫时耳后的头发不产生多余的垂落现象，影响美观，在将头发编至耳前时应适当往后拉紧头发。

Tips

左、右侧区结合编发的手法主要用于模特头发长度不够的情况，其主要目的是在刘海区打造足够的纹理效果；如果模特的头发足够长，可以直接将后区头发顺着发流方向编好，再往前盘绕并固定。

Step06 将头发编至左耳后停止加发，把头发继续以三股编发的手法编至发尾并固定。对发辫做整体抽松处理，以丰富其纹理。

Step07 处理后区头发。取后区顶部位置的一束头发，做三加二编发处理。注意取发时发量可多一些。

Step08 继续编发，编发时头发要保持干净和整洁，且呈现出较好的纹理感。

Step09 将头发编至枕骨位置，将剩余的头发留出，然后将编好的发辫固定。固定时，注意向内隐藏好发尾。

Step10 将后区的发辫固定好之后，将左侧编好的头发往后固定，并使其与后区的发辫自然衔接。

Step11 将后区剩余的头发捋顺，并从左侧开始取一束头发，并一分为二，然后进行两股拧绳处理。

Step12 将拧好的头发适当做抽丝拉松处理，然后向上沿着之前的发辫下方盘绕并固定，使其自然衔接。

Step13 继续从后区取发，并做两股拧绳和抽丝拉松处理，然后向上盘绕并固定，直至将后区的头发全部盘好。

Step14 定型。将头发整体调整好之后，对头发进行抽丝处理，并喷适量发胶定型，使造型自然饱满。

Step15 处理刘海区头发。如果想让刘海区的头发更加蓬松且弧度更理想，可使用卷发器对刘海做辅助调整。

Step16 佩戴饰品。将提前准备好的鲜花饰品佩戴好，使发型从任何角度看上去都自然、饱满而干净。造型完成。

浪漫唯美范儿

运用手法

烫卷，三加二编发，抽松，反拉，两股拧绳。

注意要点

编发和对头发进行抽松处理时，头发要保持干净、蓬松和自然，编发和抽松的力度要均匀、合适，切忌使头发凌乱；固定头发时注意隐藏发尾，且保持头发与头发自然衔接；定型时切忌使用过量的发胶，以免影响发型的最终效果。

使用工具

尖尾梳，皮筋，发卡，发胶，饰品。

案例演示

Case demonstration

Step01 分区。将所有头发烫卷。保持头发卷度合适，然后用尖尾梳将头发从头顶做 Z 字形分区。

Step02 先从左侧区头发开始，从左侧区顶部取一束头发，捋顺后平均分为三份。

Step03 将分好的头发做三加二编发处理。编发时要注意保持头发干净、整洁。

Step04 继续上一步，编发时注意取发要均匀，且保持发辫干净、整洁。

Step05 编发时将发辫抽松，使其蓬松，并呈现出较好的纹理效果。

Tips

为了让后续发辫固定时呈现出较好的弧度，让效果更自然，在将头发编至耳前位置时注意适当将耳朵处的头发往后提紧。

Tips

在对头发进行抽丝拉松处理时，要注意力度均匀，避免头发凌乱。

Step06 继续编发至发尾，然后将头发抽松。用皮筋固定发尾。

Step07 按照与左侧相同的方法，对右侧区的头发也做三加二编发处理。

Step08 处理后区头发。将后区剩余的头发从中间分为左右两束，然后分别用皮筋固定成马尾。固定时不要过紧。

Step09 从左侧马尾开始，用左手从头发中间拨开一个孔，然后用右手提拉起发片。

Step10 将提拉起的发片从孔中反拉出来，并做适当调整。反拉时要避免头发凌乱。

Step11 继续上一步，在整理头发时注意打造出一定的纹理感，使发型更饱满。

Step12 将发尾做两股拧绳处理，将发辫抽松并固定。将后区右侧的马尾做同样的处理。

Tips

抽松头发时，要注意力度均匀、合适，切忌让头发显得太凌乱。

Step13 固定左、右侧区的发辫。将左侧区的发辫在耳后位置按压，提拉成型后固定。将右侧区的发辫做同样的处理。

Step14 佩戴发饰和定型。将提前准备好的发饰佩戴上去，然后抽松整理发型，接着喷适量发胶定型。

Step15 最后，检查整体发型，确保其整体都呈现出自然饱满的状态。完成造型。

灵动飘逸范儿

运用手法

烫卷，四股圆辫编发，抽丝，三股编发。

注意要点

编发前要将刘海处理一下；编发和对头发进行抽丝处理时，头发要保持干净、蓬松和自然，编发和抽丝的力度要均匀、合适，切忌使头发凌乱；固定头发时注意隐藏发尾，且保持头发与头发自然衔接；定型时切忌使用过量的发胶，以免影响发型的最终效果。

使用工具

25 号卷发棒，尖尾梳，发卡，发胶，饰品。

案例演示

Case demonstration

Step01 处理刘海。将所有头发用25号卷发棒烫卷。用尖尾将刘海区呈弧形做三七分处理。

Step02 将刘海区分好区之后，一只手拉住发尾，另一只手持尖尾梳斜向将左侧的头发往后梳理干净。

Step03 处理顶部头发。从顶部取一束头发，并适当捋顺，然后平均分为四片。

Step04 将分好的头发做四股圆辫编发处理。编发时两手先各持两束头发。

Step05 用左手食指钩拉右手食指上的发片，然后用右手食指钩拉左手中指上的发片，之后左右交叉发片，并重复该动作，将头发编至发尾。

Step06 将编好的辫子做适当抽丝处理，形成四股圆辫。抽丝时注意力度要均匀，避免头发凌乱。

Tips

在操作时，注意将刘海区的头发适当留出来。

Step07 将四股圆辫处理好之后，从顶部再取两束头发，然后与四股圆辫一起做三股编发处理。

Step08 一边编发一边用手捋顺头发，以保持头发的干净、蓬松和自然。

Step09 将头发编至发尾，然后对整条发辫做适当的抽松处理，接着用皮筋固定发尾。

Step10 处理后区的头发。从后区左侧取一束头发，然后做三股编发处理。

Step11 将编好的头发用皮筋固定好备用。然后以三股编发的手法将后区剩余的头发分束处理。

Step12 盘绕并固定后区头发。将后区所有的头发都编成三股辫之后，从左侧开始，先将第一条发辫拉至脑后并固定，然后依次将发辫往上盘绕并固定。

Step13 固定时注意发辫之间要自然衔接，同时呈现出理想的纹理效果，隐藏好发卡。

Step14 在盘绕固定时，如发现发型不够饱满，可将发片适当抽松后再固定。将后区所有头发都固定好。

Step15 继续整理刘海。将发辫都整理好后，用尖尾梳重新整理刘海，以使其干净且呈现出理想的弧度。

Step16 定型。在定型时，一边提拉发丝一边喷适量发胶定型，使整体发型看起来更加饱满、轻盈。

Step17 佩戴饰品。将提前准备好的饰品佩戴在造型上，做修饰的同时填补造型的缝隙。造型完成。

2.5 纯美油画盘发造型

人生宛如一幅油画，细腻中蕴含着浓彩，且富有张力。浓墨重彩的描绘中，叙述着耐人寻味的故事。

油画造型的特点是颜料厚重，油画作品大多色彩铺设华丽，是一种富有生命力的艺术表达形式。化妆师如同画家怀着激动的心情在纸上作画一般，无论是对人物神情与气质的把握、对明暗的刻画，还是对整体画面色彩基调的确立，都步步推敲，十分考究。

纯美油画盘发造型侧重于展现浪漫而朦胧的气息，其中厚重的妆感和色彩、灵动的发丝以及强烈的光影感等都是可以表现的方面。在表达时尚理念的同时，油画造型通过发型与妆容的相互搭配来突出画面的厚重感，使纯美中蕴含丝丝灵气。

唯美灵动范儿

运用手法

烫卷，两股拧绳，抽丝。

注意要点

对头发做拧绳处理时，头发要保持干净、蓬松和自然，编发和抽松的力度要均匀、合适，切忌使头发凌乱；固定头发时，注意隐藏发尾，而且保持头发与头发自然衔接；定型时切忌使用过量的发胶，以免影响发型的最终效果。

使用工具

22 号卷发棒，发卡，发胶，花饰。

案例演示 Case demonstration

Step01 烫卷头发。将头发均匀分片，并用 22 号卷发棒对所有头发做竖向烫卷处理。

Step02 将头发烫好之后，做适当捋顺处理。

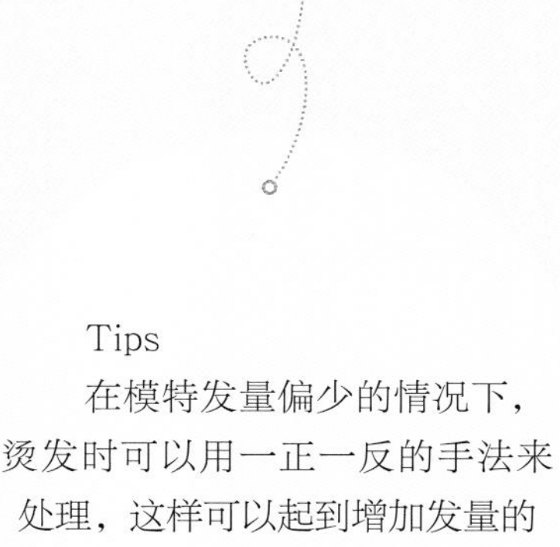

Step03 处理右侧区头发。从右侧偏头顶的位置取一束头发，并一分为二，然后往右下方进行两股拧绳处理。

Tips

在模特发量偏少的情况下，烫发时可以用一正一反的手法来处理，这样可以起到增加发量的作用。

Step04 将拧好的头发做适当抽丝拉松处理，使其均匀、蓬松而自然。

Step05 将抽丝拉松处理好的头发盘绕在顶部，并固定成一个发包。固定时注意隐藏好发卡。

Tips
这里需要注意的是，在使用发卡固定发包时，不能破坏抽松的发丝，只要绕着发辫根部固定好即可。

Tips
要注意均匀取发，根据需要控制取发的量。一般每次取的头发越少，发丝呈现的效果越蓬松，发型也越饱满。

Step06 继续从右侧区取一束头发，并做两股拧绳处理。

Step07 将拧好的头发同样做适当的抽丝拉松处理。

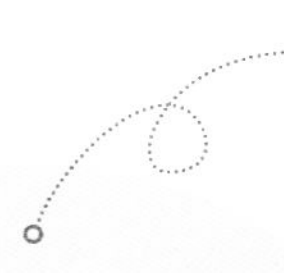

Tips
固定时，要确保发包与发包相互衔接，且纹理紧密、自然。

Step08 将抽松的头发往上盘绕，固定成一个发包。

Step09 从右侧区取一束头发，然后继续做两股拧绳处理。

Step10 将拧好的头发适当抽丝拉松，然后盘绕并固定在耳后位置，形成发包。注意发包与发包自然衔接。

Step11 处理后区右侧的头发。处理后区右侧头发的方法与左侧一样。在后区右侧取一束头发，然后进行两股拧绳和抽丝拉松处理。

Step12 将抽丝拉松的头发沿着右侧的发包进行固定，使其自然衔接在一起。这样既能遮挡发际线，又能增强造型的纹理感。

Tips

喷用发胶时注意不可过量，否则会让整理出来的头发显得生硬、不自然。

Step13 将剩余的头发都处理完毕之后，一边调整整体发型，将不饱满的部位做适当的抽丝处理，一边喷适量发胶定型。

Step14 佩戴饰品。将提前准备好的饰品分散佩戴在头上。这样既能修饰整体发型，又能起到一定的填补作用。

Step15 以点缀的方式继续在头部后方佩戴一些饰品。佩戴时要注意隐藏发卡。

Step16 定型。将配饰佩戴好之后，用手整理并提拉发丝，然后喷适量发胶定型。

Step17 将头发整理完毕，使其从任何角度看上去都饱满、自然。造型完成。

简约唯美范儿

运用手法

烫卷，两股拧绳，抽丝，卷筒。

注意要点

对头发做卷筒处理前需要将头发梳理得光滑、干净，卷筒时注意发卷的弧度和大小要合适；对头发进行抽丝处理时，抽出的发丝不可过多或过粗，同时切忌使头发凌乱；固定头发时要注意隐藏发尾，而且要保持发卷与发卷自然衔接；定型时切忌使用过量的发胶，以免影响发型的最终效果。

使用工具

无痕夹，发卡，发蜡，发胶，花饰。

案例演示 Case demonstration

Step01 处理右侧头发。用无痕夹固定好刘海，并从右侧开始，竖向取发片，将头发以卷筒的方式向上卷起。

Tips

对头发做卷筒处理时，一定要先用梳子将发片整理得光滑、干净，或使用发蜡棒等产品涂抹头发，以避免头发毛糙。但注意用量不可过多，以免头发太油，增加头发的厚重感。

Step02 将头发卷起并固定于耳后。固定时，要确保发卷的表面干净、不毛糙，且呈现出合适的弧度。

Step03 继续从右侧往后竖向取发片，然后同样以卷筒的手法将头发向上卷起。固定时注意隐藏发卡。

Step04 继续均匀取发片，卷起后衔接固定于之前的发卷下方，直至处理至后区中间位置。

Step05 处理左侧头发。左侧头发与右侧头发的处理方法一致。处理时注意将刘海区的头发适当留出。

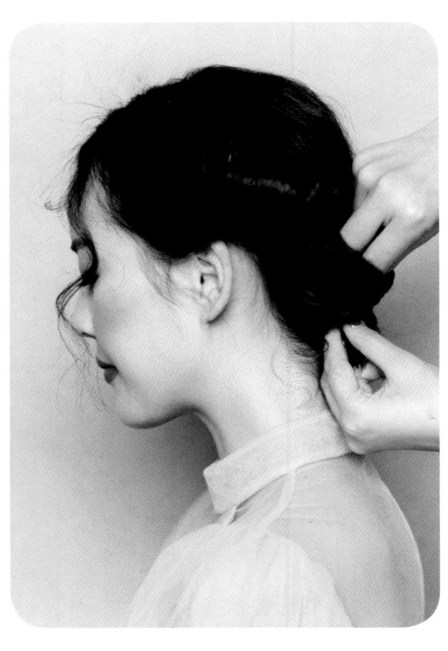

Step06 将左侧头发处理完毕之后，与右侧头发自然衔接并固定在一起。

Step07 定型。将刘海区的头发整理成合适的形状，整理时可以配合使用发蜡，使刘海自然定型。

Step08 从右侧开始，沿着卷筒下方一边抽发丝一边喷适量发胶定型。

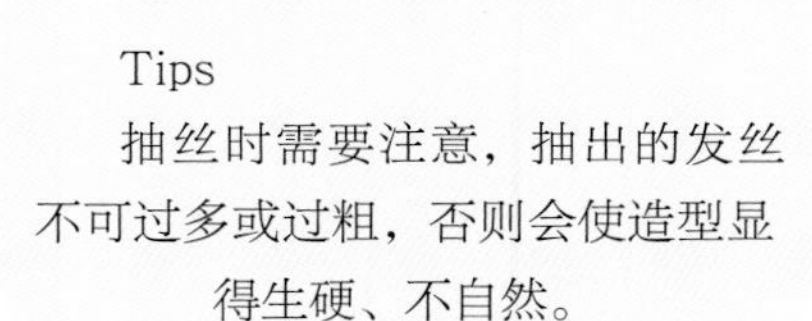

Tips
抽丝时需要注意，抽出的发丝不可过多或过粗，否则会使造型显得生硬、不自然。

Step09 在顶部同样抽出一定的发丝，使整体发型呈现出飘逸感和灵动感。

Step10 针对一些特别细微的地方，可用尖尾梳配合手来给发丝定型。

Step11 佩戴饰品。将提前准备好的花饰佩戴在头部右侧，在修饰发型的同时，还能对发型起到一定的填补作用。

Step12 将另一个花饰佩戴在左侧，这样能起到遮挡发际线和修饰脸形的作用。

Step13 将发饰佩戴完毕后，整体检查和调整发型，确保整体发型都呈现出自然、饱满的状态。造型完成。

Tips

为了让整体造型的油画风格更加明显，增加画面的灵动感，在花饰上我们选择干花。

灵动时尚范儿

运用手法

烫卷，抽丝。

注意要点

对头发进行抽丝处理时，需要根据发型的轮廓决定抽丝的疏密度；固定头发时要注意隐藏发卡，且保持头发与头发自然衔接；定型时切忌使用过量的发胶，以免影响发型的最终效果。

使用工具

19号卷发棒，发卡，发胶，花饰。

案例演示 Case demonstration

Step01 处理右侧头发。用19号卷发棒将头发全部烫卷。用手对右侧的发丝进行抽丝处理。

Step02 在一些需要体现饱满度的区域，将发丝适当抽丝得更加明显一些。

Step03 将发丝全部抽丝好之后，适当整理侧面的发丝，使造型更加蓬松，纹理感更强。

Tips

在这一步需要注意的是，切忌将发丝抽得过细，否则发型会显得太乱。

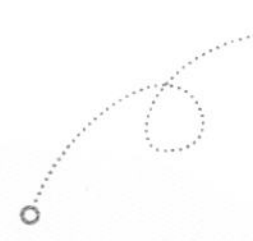

Tips

固定发丝时，切忌破坏整理好的发丝，以免影响其纹理效果的表现。

Step04 处理左侧头发。在整理左侧区的发丝时，为了让发丝与发丝衔接得更加紧密，必要时可用发卡固定。

Step05 处理顶部头发。对头顶不够饱满的区域一边抽拨发丝一边喷适量的发胶定型，使顶部蓬松、自然。

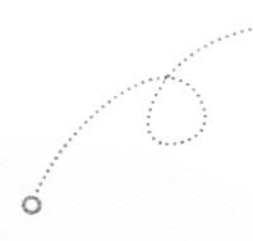

Tips

这一步需要注意的是，在整理发丝时，如果发现原本的头发纹理并不太好看，可以重新梳理发丝，然后做整理。

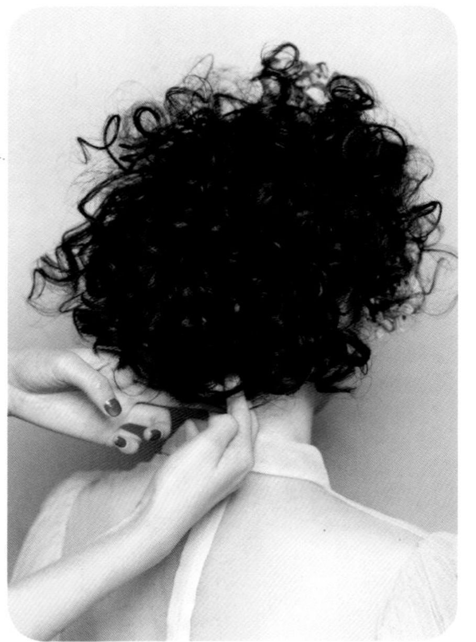

Step06 处理后区头发。要确保后区头发均匀、蓬松，轮廓自然饱满，而且要特别注意对底部边缘的弧度的处理。

Step07 佩戴饰品。将提前准备好的花环佩戴在头上，在修饰发型的同时起到一定的填补作用。

Step08 将花环佩戴好之后，取一些永生花，固定在头部的左右两侧，在点缀发型的同时起到调整轮廓的作用。

Step09 取一些永生花，佩戴在前额处，作为点缀，同时还为发型增加了一定的空间感。

Step10 定型。将饰品佩戴完毕后，从顶部开始，抽拨发丝，并喷适量发胶定型。

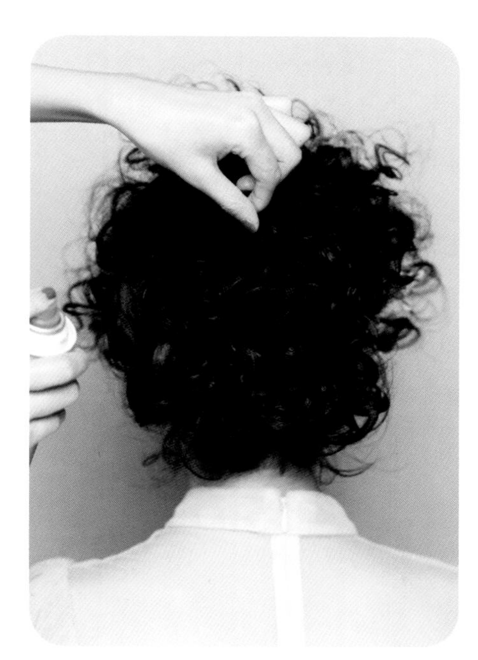

Step11 将后区也做适当的定型处理。处理时注意发胶的用量不宜过多，否则会使头发显得厚重感太强，而且生硬、不自然。

Step12 继续调整发型，直至整体发型呈现出自然饱满的轮廓。造型完成。

Tips

在处理发型后，需要根据整体的造型风格，选择与之搭配的配饰和服饰，确保整体画面和谐、自然。其中需要特别注意的是，当发丝呈现出比较松散的效果时，要选择零碎感比较强的饰品与之搭配，这样会更加合适。

时尚轻复古 烫发造型

Fashion

2.6

曲线婀娜，神态妖娆，令人过目不忘的红唇，似烟火刹那间燃尽繁华，落幕后留下永映心头的璀璨。

- 时尚轻复古烫发造型运用了20世纪20—40年代流行的元素，在服饰与妆容造型里否定传统造型样式，采用流畅的曲线造型突出女性的柔美与线条感，其宗旨在于以曲线塑造复古造型，用波浪式元素突出造型的风格与特点。

- 随着女性地位在社会上的提升，无论是从服饰上还是从妆容上来说，都更显随性与自由，同时女性的柔美与性感也更加明显。代表人物有玛丽莲·梦露。

- 配饰上主要以点缀的方式进行搭配，以增加画面的空间感。

- 此类发型的打造重点在于塑造不同的波纹，将现代元素与复古元素结合使用，打造出时尚轻复古感的发型。

简约优雅范儿

运用手法

烫卷，手推波纹。

注意要点

烫卷头发时，头发的弧度大小和方向要合适；对头发做手推波纹处理时，要确保头发干净、顺滑，且保持头发与头发自然衔接；定型时切忌使用过量的发胶，以免影响发型的最终效果。

使用工具

25号卷发棒，鸭嘴夹，尖尾梳，柔亮胶，发胶，饰品。

案例演示

Case demonstration

Step01 烫卷头发。将头发均匀分片，然后用 25 号卷发棒将头发做横向烫卷。用鸭嘴夹将每个烫好的发卷都固定好。

Step02 继续将头发均匀分片，然后将头发烫卷并固定好。将所有头发都烫卷完毕，结束烫发操作。

Tips

烫发时注意卷发棒在每片头发上停留的时间要一致，这样可以确保头发的受热程度一致，如此烫出来的发卷才更自然。

Step03 定型。从前额开始，适当整理头发，并喷适量的发胶，等待一会儿，使头发自然定型。喷发胶时注意用量不可过多。

Step04 抚平头发。头发定型好之后，取下鸭嘴夹。在头发上涂抹适量的柔亮胶，抚平毛糙碎发，给头发增加光泽感。

Step05 处理右侧头发。用气垫梳将头发全部梳通，并用尖尾梳将头发分为左、右侧区。然后从右侧区发根开始，将额前的头发轻轻向后梳理，使其光滑、有形。

Step06 用左手的手指钩拉上方梳理好的发片，然后用尖尾梳将下面的头发向前推，并用左手的大拇指按压，推出波纹。

Step07 将成型后的波纹用鸭嘴夹以一前一后的方式代替手指固定住。喷适量发胶辅助定型，形成第一个波纹。

Step08 顺着头发的弧度继续向后推压发片，推压时注意保持发片光滑、干净，然后将其用鸭嘴夹固定。

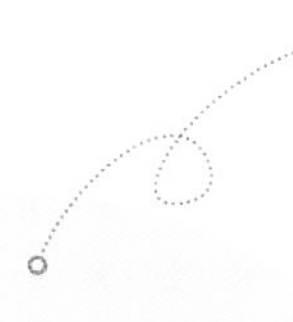

Tips

这一步需要注意，固定时要喷发胶辅助定型。

Step09 钩拉住固定好的发片，然后用尖尾梳推出第二个波纹，并用鸭嘴夹固定好。

Step10 继续顺着头发的弧度，按照以上的方法推出第三个波纹并固定。

Tips

用尖尾梳梳理头发时，如果头发有打结现象，要先用气垫梳将头发梳理开，再用尖尾梳梳理成型，这样才能真正体现头发本身自然的卷度和纹理感。

Step11 处理左侧头发。用尖尾梳将左侧头发向后梳理至耳后位置，然后用鸭嘴夹进行固定。

Step12 顺着头发本身的弧度，继续用尖尾梳将左后方的头发梳理干净，并喷适量发胶定型。

Step13 处理后区头发。根据头发本身的弧度，用尖尾梳将头发梳理干净、顺滑。

Step14 取下所有鸭嘴夹，将头发整理成型。将由羽毛与珠片制成的蜻蜓发箍佩戴在头上。造型完成。

Tips

注意用鸭嘴夹夹住发片并喷胶固定后，鸭嘴夹停留在发片上的时间不能过久，以免压出鸭嘴夹的痕迹。

高贵简洁范儿

运用手法

烫卷，手推波纹，卷筒。

注意要点

烫卷头发时，头发的弧度大小和方向要合适；对头发做手推波纹处理时，要确保头发干净、顺滑，且保持头发与头发自然衔接；对头发做卷筒处理时，要确保发片干净、顺滑，固定时要确保卷筒与卷筒自然衔接。

使用工具

25 号卷发棒，鸭嘴夹，尖尾梳，发蜡，饰品。

案例演示

Case demonstration

Step01 处理右侧头发。用 25 号卷发棒把头发全部烫卷。将刘海区进行中分，然后将右侧刘海用左手钩住发根，并用尖尾梳辅助推出第一个波纹。

Step02 将推好的波纹用鸭嘴夹固定，然后用左手按住波纹，用尖尾梳将发片向后推并固定。做手推波纹时，如果发片太毛糙，可涂抹适量的发蜡，使其顺滑。

Step03 将固定后剩余的头发以卷筒的手法向上卷起，并衔接固定在上方的波纹位置。做卷筒时注意保持发片干净、整洁，同时注意卷筒的弧度和大小要合适。

Step04 继续将剩余的头发向前打卷，固定并与波纹自然衔接，这样交错的卷筒纹理会更好看。

Step05 将以上操作都完成之后，将剩余的头尾以打圈的手法固定在耳朵上方，用小鸭嘴夹辅助将其固定成型。

Step06 处理左侧头发。左侧头发的处理方式与右侧的一致，也是利用尖尾梳推出一个波纹，并用鸭嘴夹固定。

Step07 处理后区头发。从右侧开始，在后区竖向取第一束发片，然后以卷筒的手法向上打卷并固定。

Step08 将打卷后剩余的发尾梳理光滑，继续向上打卷。将打好的发卷固定在耳后位置。

Step09 继续在后区右侧取发片，然后依次向上打卷并固定。固定时要注意发卷衔接自然。

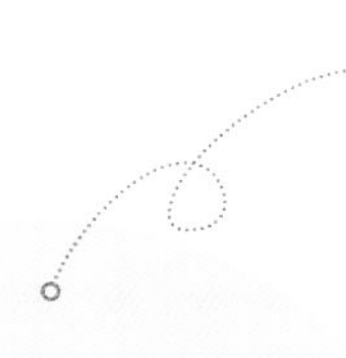

Tips

如果此时发型不够饱满，可以先对顶区的头发做适当的倒梳处理，再进行打卷处理。

Step10 继续打卷，对一些有缝隙的地方，可以用打卷后剩余的发尾继续打卷，进行填充，形成卷上卷，使后区造型饱满的同时，增强层次感。

Step11 佩戴发饰。将由手工花制作而成的皇冠发饰佩戴在头上，让整体造型凸显高贵感的同时减少皇冠带来的华丽与成熟感。造型完成。

时尚复古范儿

运用手法

烫卷，手推波纹，卷筒。

注意要点

烫卷头发时，头发的弧度大小和方向要合适；对头发做手推波纹处理时，要确保头发干净、顺滑，且保持头发与头发自然衔接；对头发做卷筒处理时，要确保发片干净、顺滑，固定时要确保卷筒与卷筒自然衔接。

使用工具

25 号卷发棒，鸭嘴夹，发卡，尖尾梳，饰品。

案例演示

Case demonstration

Step01 处理左侧头发。将烫卷的头发三七分，然后将左侧的头发向上梳起，用鸭嘴夹竖向固定。之后将头发呈 S 形梳理光滑后，用鸭嘴夹固定。

Step02 将固定后余下的头发梳顺，并向上提拉，然后顺着头发的弧度调整出合适的曲线。调整时要避免发片分片。

Tips

在处理余下的头发时需要将整束发片向上提拉。当纹理不够清晰时，可以用梳子提前将纹理梳理出来。

Step03 将发片整理出理想的弧度和曲线之后，将剩余的发尾打卷并固定于耳后位置。

Step04 将发卷固定好之后，继续从左侧取发片并向上提拉，将发尾同样打卷，衔接并固定在耳后位置。

Tips

所取发片的发量要略多，固定发片时需要将发片向上提拉后再打卷并固定。固定时可用鸭嘴夹辅助，这样成型效果会更好。

Step05 处理后区头发。从后区左侧开始，提拉发片，同样进行打卷处理，然后横向固定在与左侧发卷衔接的位置。

Step06 继续将后区的头发打卷并固定。固定时要确保卷筒与卷筒紧密相连。

Step07 处理右侧头发。右侧头发的处理方式与左侧头发的相同，同样将头发做手推波纹处理并固定。

Step08 利用尖尾梳在右侧推出一个完整的波纹之后，将头发在耳后位置固定。

Step09 将波纹固定好之后，将剩余的头发向上打卷并固定。固定时注意将发卷与波纹衔接好。

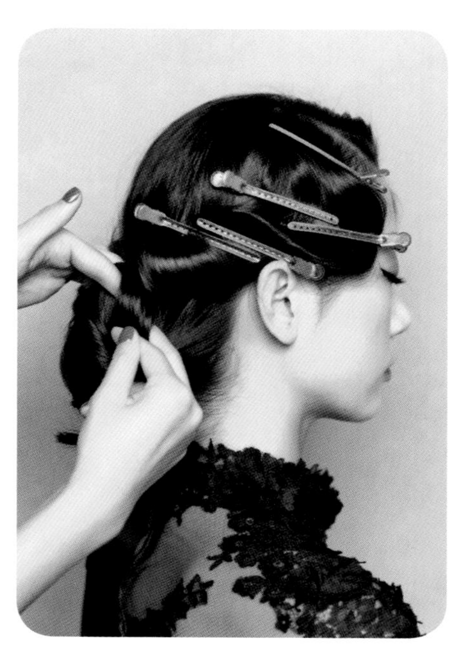

Step10 将剩余的发尾继续以卷筒的手法打卷，并固定在造型轮廓不够饱满的区域，使造型侧面的轮廓和形状更加理想。

Step11 定型。用手指轻轻调整左侧的头发，让波纹效果更加理想。

Step12 整理左侧的头发，使其弧度自然，并起到修饰脸形的作用。

Step13 整理右侧的头发，使其光滑、自然而有弧度感，同时要注意与后区自然衔接。

Step14 整理后区头发，使波纹与波纹衔接成一个整体，饱满而自然，同时注意隐藏发卡。

Step15 佩戴发饰。将礼帽饰品佩戴在头上，并用蝴蝶饰品点缀。造型完成。

Tips

此款礼帽饰品由毛毡与羽毛制作而成，可以让造型呈现出精致而不失灵动的效果。

2.7 高贵典雅盘发造型

在聚光灯下，在全场的注目中，高贵大气的新娘带着亲朋好友给予自己的鼓励与祝福，自信满满地走向人生的另一阶段，开启不同于以往的生活。

- 对于普通人而言，婚礼当天是其人生中得到关注最多的一天。在这一天，大部分新娘都希望自己以最完美的状态出现在众人的面前。

- 高贵典雅盘发造型多被气质优雅的女性选择。相对于前面所讲的比较松散的造型而言，此类造型对于人的修饰性没有那么强，因此对新娘自身的身材与气质条件要求较高。

- 在此类造型的饰品上，以带水钻的皇冠或发带为宜；服装上建议选择偏优雅的礼服。这样造型的整体风格才会协调、耐看。

- 此类造型的重点在于卷筒技巧的多方面运用，整体发型要求干净利落，要选择合适的配饰与之搭配。

简洁典雅范儿

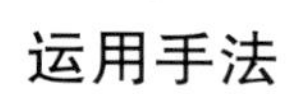

运用手法

烫卷，卷筒。

注意要点

将头发烫卷时，每片头发烫卷的方向和受热的程度都要一致；扎马尾时，马尾的高度要合适，不可太高或太低；对头发做卷筒处理时，需要确保发片干净、顺滑，固定时要确保卷筒与卷筒自然衔接。

使用工具

25 号卷发棒，皮筋，柔亮胶，发蜡，饰品。

案例演示

Case demonstration

Step01 烫卷头发。将头发分片，并用25号卷发棒全部烫卷。

Step02 将头发烫卷之后，用气垫梳将其一层层地梳开，以便后续操作。

Step03 在头发上涂抹适量柔亮胶，抚平毛糙的碎发。

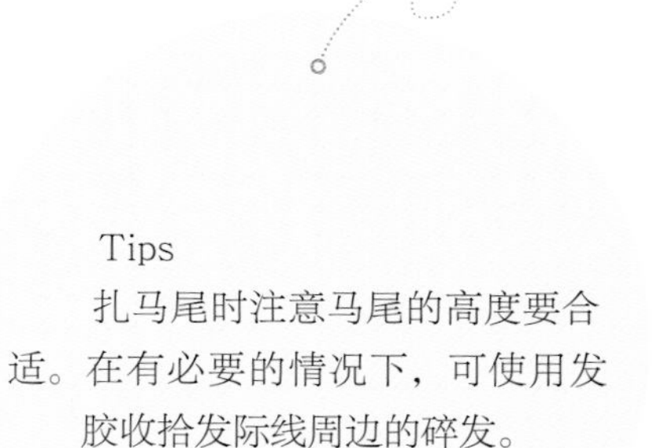

Tips

扎马尾时注意马尾的高度要合适。在有必要的情况下，可使用发胶收拾发际线周边的碎发。

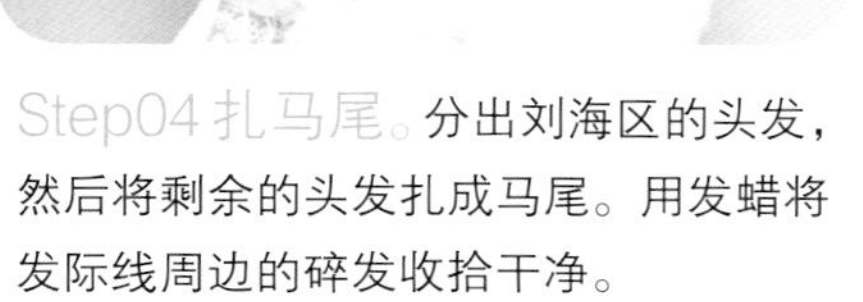

Step04 扎马尾。分出刘海区的头发，然后将剩余的头发扎成马尾。用发蜡将发际线周边的碎发收拾干净。

Step05 继续收拾碎发，将马尾收拾得干净、顺滑。

Step06 打卷处理。从马尾右侧取一束头发，并用尖尾梳梳理干净。将梳理好的发片向上翻卷成卷筒状并固定。

Step07 将卷筒固定好之后，将卷筒处理后剩余的头发梳理光滑。

Step08 将梳理好的头发向右侧打卷并固定。需要用发卡从卷筒两侧进行固定，以免发片滑落。

Step09 将剩下的发尾卷成一个小的卷筒，衔接固定在上一个卷筒的下方。

Step10 继续从马尾右侧取一束头发，并梳理成片状，然后向上打卷并固定。固定时注意卷筒要自然衔接。

Tips

对马尾进行分片打卷和固定处理时，要观察卷筒的整体弧度，使固定好的发卷从侧面看形成一个椭圆状。注意发卷的位置不可太高，发卷也不可太扁。

Step11 将打卷后剩余的头发梳理干净，向上做打卷处理，将其定型。将发片处理至发尾，将发尾打卷并固定在卷筒的上方，使发包看起来更加饱满。

Step12 将马尾左侧的头发梳理干净，然后向上做打卷处理，直至发尾。在有必要的情况下，将打卷的头发提拉至发包的空隙处，进行填充和固定。

Step13 继续以上操作，直到处理至马尾的最后一束头发。将最后剩余的发尾收起并固定在发包上，让发包的轮廓更加饱满、自然。固定时注意隐藏好发卡。

Step14 处理刘海。将刘海捋顺，并往右做连续打卷处理。处理时将打好卷的头发用小鸭嘴夹固定，然后将剩余的头发打卷。

Step15 佩戴饰品。将所有头发都处理完毕之后，将准备好的饰品佩戴上去，修饰发型，使其更加立体，且更有空间感。造型完成。

Tips

在饰品的选择上，建议尽量选择一些具有高贵优雅感的饰品，还可以选择长条形且带水钻的耳饰，以在视觉上拉长脸形，起到修饰脸形的作用。

成熟端庄范儿

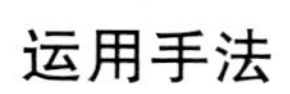

运用手法

烫卷，卷筒。

注意要点

将头发烫卷时，每片头发烫卷的方向和受热的程度都要一致；扎马尾时，马尾的高度要合适，不可太高或太低；对头发做卷筒处理时，需要确保发片干净、顺滑，固定时要确保卷筒与卷筒自然衔接。

使用工具

25 号卷发棒，皮筋，鸭嘴夹，无痕夹，发卡，尖尾梳，饰品。

案例演示

Case demonstration

Step01 分区。将所有头发烫卷，将其梳理通顺后，分为左侧区和后区。

Step02 处理后区头发。将后区头发梳理光滑后扎成一条低马尾。

Step03 从马尾左侧取一束头发，将其梳理成片状，然后向上翻卷并固定。

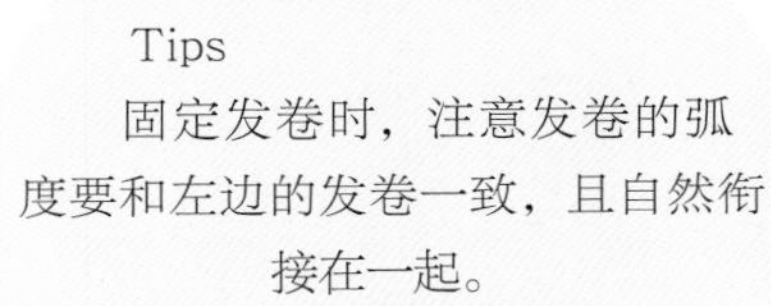

Tips

固定发卷时，注意发卷的弧度要和左边的发卷一致，且自然衔接在一起。

Step04 将固定后余下的发尾向上提拉，向右侧打卷并固定。

Step05 将上一步完成之后，继续从马尾中抽取一束头发，并同样梳理成发片。

Step06 将梳理好的发片在第一个卷筒的下方固定。固定时，要注意卷筒与卷筒自然衔接。

Step07 将马尾右侧的头发做同样的处理。首先抽取一束头发，然后梳理成干净的发片。

Step08 将梳理好的发片向上打卷并固定在后区右侧。固定时，要注意与左边的发卷自然衔接。

Tips

对头发进行分片打卷时，要根据发髻的纹理来决定发卷的大小和弧度。发髻的纹理感越强，分片就越薄越多；当发髻不需要呈现太多纹理感时，分片要厚而少。

Step09 将打卷后剩余的发尾向上打卷，然后衔接固定在上一个发卷上，使形成的发髻纹理更丰富，轮廓更饱满。

Step10 继续打卷，将马尾中的头发全部打卷并固定。固定时，可以用小鸭嘴夹辅助，避免头发松散。

Step11 处理左侧区头发。将左侧区前额部分的头发整理出一定的弧度，用无痕夹将其固定。将头发未固定的部分向后梳理光滑，并做适当的翻卷处理。

Step12 将翻卷后剩余的发尾梳理干净，然后用手指打卷成卷筒状，并沿着发髻的左侧固定。固定时注意发髻的整体弧度要自然。

Step13 继续打卷，打卷时要注意将卷筒相互交错叠放，使整体发型看起来更加饱满，且纹理感更明显。

Step14 将发卷沿着左侧呈片状叠放并固定，使其自然成型。固定时要注意隐藏好发卡。

Step15 将头发全部打卷完毕后，适当调整发型，使其看起来饱满、光滑而自然。

Step16 佩戴饰品。佩戴带钻的发带和长条形的耳饰，在装饰造型的同时，起到修饰脸形的作用。造型完成。

高贵女王范儿

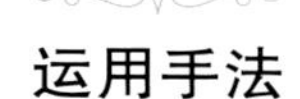

运用手法

烫卷，倒梳，卷筒，三股编发，三加二编发。

注意要点

扎马尾时，马尾的高度要合适，不可太高或太低；对头发做卷筒处理时，要确保发片干净、顺滑，固定时要确保卷筒与卷筒自然衔接；编发时，取发要均匀、合适，避免凌乱。

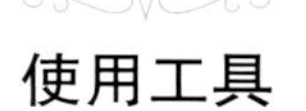

使用工具

25 号卷发棒，尖尾梳，皮筋，发胶，发蜡，头饰。

案例演示

Case demonstration

Step01 分区。将头发用 25 号卷发棒整体烫卷，然后整体梳顺。用尖尾梳将头发进行中分。

Step02 将左、右侧区和后区的头发分出，并将后区的头发扎成一条马尾。用发蜡将发际线周围的碎发收拾干净。

Step03 处理后区马尾。从马尾中留出一束头发，并将剩余的马尾分片层层倒梳，以增加头发的蓬松度。

Step04 将头发分片倒梳之后，用尖尾梳将马尾表面梳理光滑、干净。

Step05 将表面的头发梳理光滑且使其形成一个椭圆之后，适当向上推，并固定在脑后位置，使其形成一个发包。

Tips

固定发包时，需要随时观察发包的弧度，要避免发包因固定不当而变形或凌乱。

Step06 将上一步的操作完成之后，用尖尾梳继续整理剩余的发尾，使其通顺、光滑。

Step07 将发尾梳理好后，将发尾分片打卷并固定在发包的下方。固定时，要注意发卷与发卷自然衔接。

Tips

为避免头发毛糙，当对每一片头发做打卷时，都可以涂抹适量的发蜡，以使头发光滑。

Step08 将发包余下的发尾都打卷并固定好之后，将马尾中留出的发片做三股编发处理，并用皮筋固定。

Step09 处理左侧区头发。从左侧取一束头发，然后往下做三加二编发处理。

Step10 继续编发，将头发以三股编发手法编至发尾，然后用皮筋固定起来备用。

Step11 将右侧区头发以同样的手法处理好之后，将后区的三股辫往上盘绕并固定在发包周围。固定时可用鸭嘴夹辅助定型，以避免头发散乱。

Step12 将左右两侧的发辫往后固定在发包的上方，填补空缺的同时，可以使整体发型呈现出较好的纹理感。

Step13 定型。从左右两侧区抽出一定的发丝，并喷适量的发胶定型，让整体发型呈现出干净、自然的效果，同时还呈现出一定的蓬松感。

Step14 整理后区头发，使发包看起来光滑、饱满的同时，还呈现出较好的纹理效果。

Step15 整理侧区发辫，并将多余的碎发收拾干净，让整体发型看起来自然且干净利落。

Step16 佩戴饰品。将提前准备好的皇冠头纱佩戴在头上，并根据需要做调整。造型完成。

Simplicity

轻奢简约盘发造型

2.8

『钻石恒久远，一颗永流传』这句脍炙人口的话阐述了钻石的珍贵感，如同著名的女星奥黛丽·赫本留给世人的优雅一般，美得恒久。

轻奢简约盘发造型旨在利用一些简单的造型手法与低调而不夸张的配饰元素表达简约，同时让整体造型呈现出轻奢优雅感。

此类造型的打造重点在于使用减法打造大气优雅的造型风格。而且配饰的选择也相当重要，饰品上主要选择羽毛、珍珠以及发带等，珍珠的柔和光泽有助于传达低调的奢华感。

简约复古范儿

运用手法

烫卷，手推波纹，两股拧绳，倒梳，内扣，打卷。

注意要点

烫卷头发时，每片头发烫卷的方向和受热的程度都要一致；对头发做手推波纹处理时，要确保发片干净、顺滑；对头发做内扣处理时，要先将表面的头发梳理光滑。

使用工具

25号卷发棒，鸭嘴夹，气垫梳，尖尾梳，饰品。

案例演示

Case demonstration

Step01 烫卷头发。用 25 号卷发棒将所有头发横向烫卷。注意每烫一片头发都要用鸭嘴夹固定。

Step02 将所有头发烫卷后，等待一定的时间，使其定型。

Tips

利用以上方法烫发的优点在于可以长时间保持头发的卷度，而且当头发过于细软时，此种方法尤为适用。

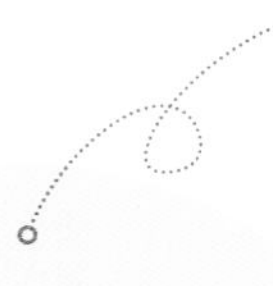

Tips

这里需要注意的是，要避免鸭嘴夹在头发上停留的时间过久，否则会出现明显压痕，让头发显得生硬、不自然。

Step03 确定头发定型之后，取下所有的鸭嘴夹，并用气垫梳将头发梳开。然后将刘海做三七分处理。

Step04 处理右侧头发。用尖尾梳整理右侧头发，并用小鸭嘴夹固定，同时调整出合适的弧度。

Tips

在这一步需要注意的是，先用鸭嘴夹将上面的头发定型，以便在处理下面的发尾时可以确保上面的头发不变形。

Step05 依照头发本身的纹理和弧度，用鸭嘴夹将右侧头发以 S 形的样式一前一后地固定成波纹状。

Step06 继续上一步操作，将头发按 S 形固定好之后，将剩余的发尾做两股拧绳处理。

Step07 拧绳处理好之后，将发辫向后做适当调整，且沿着发际线固定在耳后位置。

Step08 处理后区头发。从后区顶部分片取头发，并做层层倒梳，使其自然蓬松。

Tips

倒梳时注意力度要柔和、均匀，切忌太过用力，以免损伤头发或使头发出现严重的打结问题。

Step09 倒梳后将表面的头发梳理光滑、整齐，使其呈现出较理想的纹理。

Step10 根据头发本身的卷度将后区发尾以内扣的方式隐藏并固定在脑后位置，使后区看起来更加饱满。

Step11 处理左侧头发。对左侧头发的处理与后区的相同，先梳理头发，然后向后收拢并固定在后区下方。

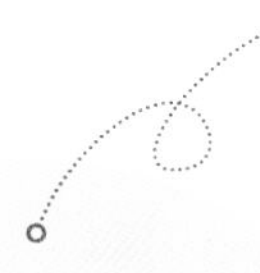

Tips

这一步需要注意的是，为了让头发之间衔接得更加自然，在固定头发时可以用鸭嘴夹将发卷连接在一起，再以适量发胶定型。

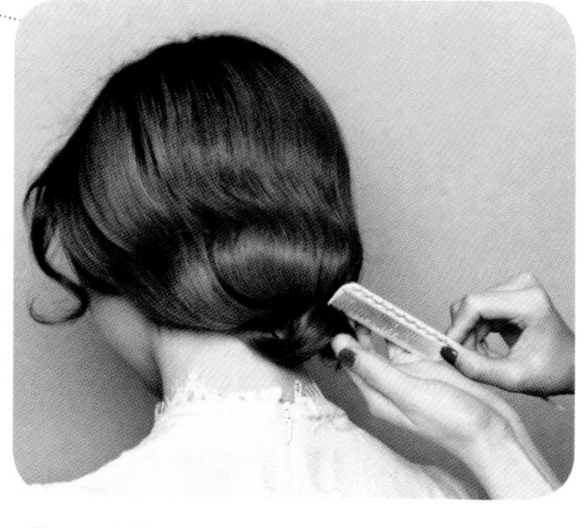

Step12 将固定后剩余的发尾梳顺，向上衔接并固定在后区的最下方。将刘海自然留出。

Step13 佩戴饰品。将提前准备好的羽毛发饰佩戴在头部的右侧，并选择较简洁的珍珠耳环进行佩戴。造型完成。

时尚优雅范儿

运用手法

烫卷，内扣。

注意要点

将头发烫卷时，每片头发烫卷的方向和受热的程度都要一致；对头发做内扣处理时，要确保发片干净、顺滑，固定时要确保卷筒与卷筒自然衔接。

使用工具

25 号卷发棒，尖尾梳，鸭嘴夹，发卡，饰品。

案例演示

Case demonstration

Step01 烫卷和分区。把所有头发用 25 号卷发棒烫卷，然后将刘海做中分处理。

Step02 处理右侧的头发。将右侧的头发往后梳理，并确保表面的头发干净而光滑。

Step03 将头发往后梳理光滑、干净之后，用鸭嘴夹在耳后位置对头发进行固定。

Step04 将头发往后固定好之后，从右侧取一束头发，并用尖尾梳顺着头发本身的纹理梳理。

Step05 将头发梳理好之后，将发尾以内扣的手法往上处理成卷筒。

Step06 将处理好的卷筒固定在耳后位置。固定时，注意卷筒的大小和弧度要合适。

Step07 处理左侧头发。左侧头发与右侧头发的处理方法一样，先将头发往后梳理光滑。

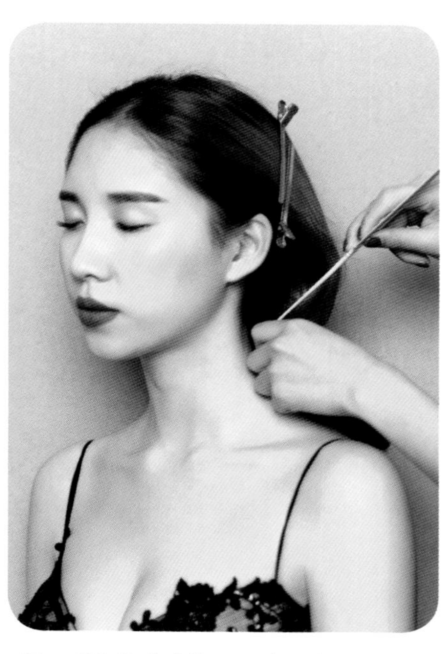

Step08 将头发梳理干净、光滑后，用鸭嘴夹在耳后对头发进行固定。

Step09 从固定好的左侧头发中取一束，并梳理成片状。然后以内扣的手法将发片往上打卷并固定。

Tips

对头发进行打卷处理时，要确保发片干净、光滑，而且左右两侧的发卷大小和弧度要一致。

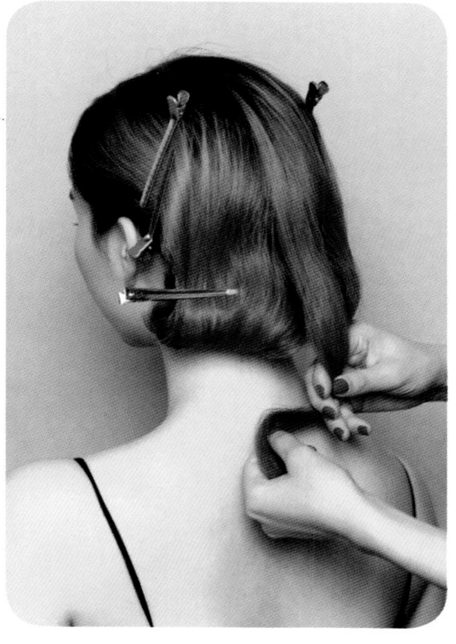

Step10 处理后区头发。将后区的头发梳理成片状，然后以内扣的手法向上卷起并固定在后区的中间位置，使其与左右的卷筒自然衔接。

Step11 佩戴饰品。取下所有的鸭嘴夹，一边取一边用发卡固定，然后佩戴饰品。造型完成。

奢华年轻范儿

运用手法

烫卷，拧转，拧包，打卷。

注意要点

将头发烫卷时，每片头发烫卷的方向和受热的程度都要一致；将头发往前梳理时，注意发流的走向和弧度要合适，同时保持头发表面整洁、光滑。

使用工具

25 号卷发棒，尖尾梳，皮筋，饰品。

案例演示

Case demonstration

Step01 烫卷和分区。用25号卷发棒把所有头发烫卷之后，将头发分为上下两个区。

Step02 处理上区头发。将上区头发梳理光滑，拧转并固定，形成一条马尾。

Step03 继续上一步操作，将马尾向上并向前梳理成片状。梳理时，注意发流的走向和发片的弧度。

Step04 将头发梳理成片状之后，沿着发际线进行固定，使其作为假刘海，修饰额头的发际线。

Step05 处理下区头发。将下区的头发先以拧包的手法向上拧紧并固定。固定时要注意保持头发干净、整洁。

Step06 将拧包处理后剩余的发尾梳理成片状，并确保发片干净、光滑。

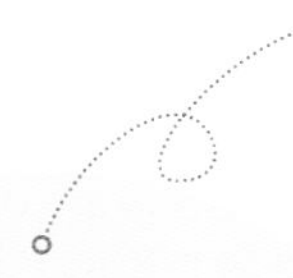

Tips

此时如果模特的头发较短，可以直接根据头发的纹理做任意打卷处理并固定；如果模特的头发较长，可以考虑将其做成一个或多个卷筒，再进行固定。

Step07 根据发尾的纹理，将其向上打卷成一个自然的弧度后进行固定。固定时注意隐藏发尾。

Step08 佩戴饰品并整理刘海。将饰品佩戴好，然后根据需要将刘海调整出理想的弧度。造型完成。

时尚创意盘发造型

2.9

18世纪初是法国洛可可风格的盛行时期，此时的造型风格给人一种浓浓的浮夸感。在那个浮夸的年代，设计师们努力运用许多偏少女感的色彩，结合夸张的裙装和头饰，在纯净的颜色中表达着宫廷的阶级感，又体现着贵族女性的高贵、精致与优雅气息。让一切华丽、纤巧等元素演化成一种潮流，一种令人难以忘怀的美丽。

时尚创意盘发造型主要是指利用偏夸张的饰品打造出能够表达某种创意性想法的造型。

配饰上一般会将形式夸张的绢花、颜色偏浓郁的花环、蝴蝶标本以及网纱等元素相结合，为造型营造出一系列洛可可风格。

此类造型的打造重点在于用烦琐的元素体现整体和谐统一的风格和感觉，在造型中要掌握好加减法的巧妙运用。

创意飘逸范儿

运用手法

烫卷，两股拧绳，抽丝。

注意要点

烫卷头发时，每片头发烫卷的方向和受热的程度都要一致；对头发做两股拧绳处理时，要确保头发干净、挺顺，做抽丝处理时取发要均匀，避免太过凌乱；使用发胶时注意用量不可过多，避免整理出的头发生硬、不自然。

使用工具

25号卷发棒，发卡，发胶，饰品。

案例演示

Case demonstration

Step01 烫卷头发。将所有头发分片用 25 号卷发棒烫卷。烫卷时注意每片头发烫卷的方向和受热的程度都要一致。

Step02 处理顶区头发。将头发都烫好之后，用手将发丝拨开，然后取顶区的一束头发，并一分为二。

Step03 将分好的头发做两股拧绳处理。拧绳时要注意使头发具有一定的蓬松度。

Tips

抽丝的松紧度要根据发型的需要决定。在抽丝时抽松得越明显，后面形成的纹理感越强。

Step04 将头发拧好之后，用手对头发做适当的抽丝处理，使其更加蓬松、自然。

Step05 将抽丝处理好的头发盘绕并固定在顶区位置，形成发卷。固定时注意头发呈现的纹理感要自然。

Step06 处理左侧区头发。用手将左侧区的头发提拉并调整出较好的纹理，然后同样做两股拧绳处理。

Step07 将拧好的头发做抽丝处理，使其更加蓬松的同时，呈现出理想的纹理感。

Step08 把抽丝处理好的发辫盘绕并固定在第一个发卷的左侧位置。

Step09 处理后区头发。将后区头发捋顺，然后从后区左侧取一束头发，并一分为二。

Step10 将分好的头发同样做两股拧绳处理。拧绳前注意在发际线处留出一定量的发丝。

Step11 将拧好的头发抽松，盘绕并固定在脑后位置。固定时注意隐藏发尾。

Step12 处理右侧区头发。对右侧区头发的处理与左侧区的一样，先把头发做两股拧绳处理，同时适当抽松。

Step13 将抽丝处理好的头发盘绕并固定在后区下方。固定时要注意发卷与发卷自然衔接。

Step14 处理刘海。用卷发棒将刘海适当烫卷。烫卷时注意左右两侧的发丝的弧度要自然、一致。

Step15 定型。用手提拉左右两侧的发丝，并喷适量发胶定型，使整体造型呈现出一定的灵动感和飘逸感。

Step16 佩戴饰品。将提前准备好的丝带从下往上呈蝴蝶结状佩戴在头上。

Step17 将提前制作好的绢花饰品佩戴在左侧，修饰发型和脸形。造型完成。

创意唯美范儿

运用手法

烫卷，单股拧绳，拧包，抽松。

注意要点

烫卷头发时，每片头发烫卷的方向和受热的程度都要一致；在处理头发前需要确保每部分的头发都通顺、光滑，切忌毛糙；对头发进行抽松处理时，力度要均匀、合适，切忌使头发凌乱。

使用工具

25 号卷发棒，发卡，发胶，饰品。

案例演示

Case demonstration

Step01 处理顶区头发。先将所有头发烫卷，然后将顶区的头发分出。

Step02 将顶区的头发往后做单股拧绳处理。拧绳前要注意保持头发干净、顺滑。

Step03 顺着拧发的方向，将拧好的头发盘绕并固定在顶区。固定时，注意将发片向前推，以使头发蓬松、立体。

Step04 将剩余的头发分区。根据发型制作的需要，将剩余的头发分为上下两部分。

Step05 将上半部分头发捋顺，用皮筋扎起。固定时注意不用将发尾拉出。

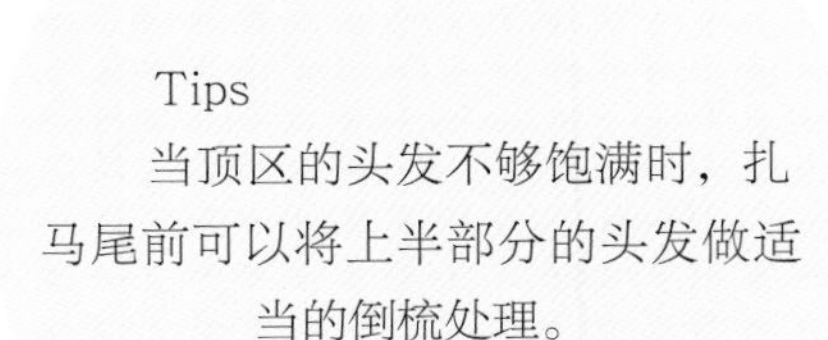

Tips

当顶区的头发不够饱满时，扎马尾前可以将上半部分的头发做适当的倒梳处理。

Step06 将上半部分的头发扎成马尾之后，把下半部分的头发分为左右两部分。先将左侧的头发拧包并固定在马尾的下方。

Step07 将右侧头发同样拧包并固定。固定时要确保头发干净、整洁，同时要注意左右两边的头发自然衔接。

Step08 整体调整发型。将下半部分头发处理好之后，将上半部分头发的马尾拨开，使其形成一个较理想的弧度并固定。

Step09 在耳后抽拨出一定量的发丝，然后喷适量发胶定型。

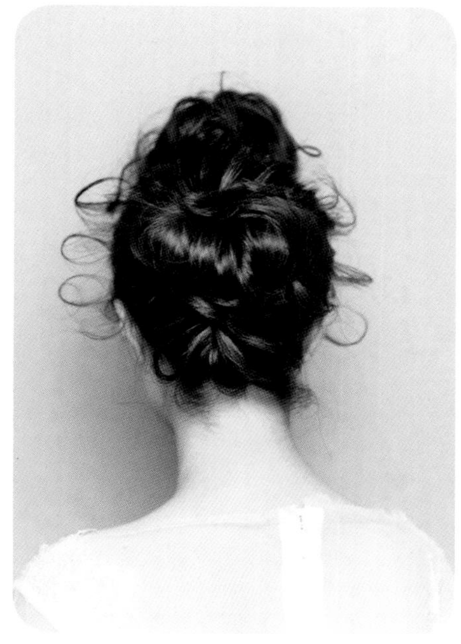

Step10 对脑后的头发也做适当的抽丝处理，使整体造型呈现出蓬松、饱满且自然的状态。

Step11 佩戴饰品。将饰品选择性地佩戴在合适的位置，起到填补造型的作用，同时让造型看起来自然而富有趣味性。

神秘优雅范儿

运用手法

烫卷，内扣，手推波纹。

注意要点

烫卷头发时，每片头发烫卷的方向和受热的程度都要一致；对头发做内扣处理时，要确保头发干净、不毛糙，同时注意隐藏发卡；对头发做手推波纹处理时，要确保发片干净、顺滑。

使用工具

卷发棒，皮筋，啫喱膏，鸭嘴夹，发卡，发胶，尖尾梳，饰品。

案例演示

Case demonstration

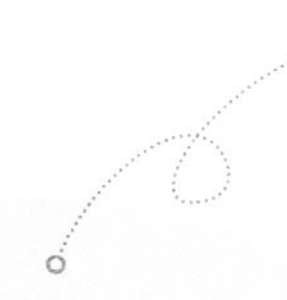

Tips

在滋润头发时我们一般是需要选择没有定性作用的啫喱来使用。

Step01 烫卷与滋润头发。先把发尾做适当烫卷处理,并将刘海进行中分。然后用尖尾梳蘸取适量啫喱膏，将头发梳顺，以滋润头发。

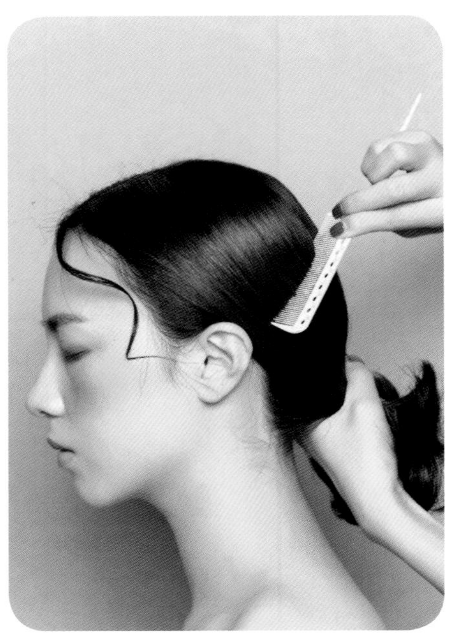

Step02 扎马尾。将刘海区的小卷发自然留出，然后将剩余的头发梳顺，并扎成一条干净的低马尾。

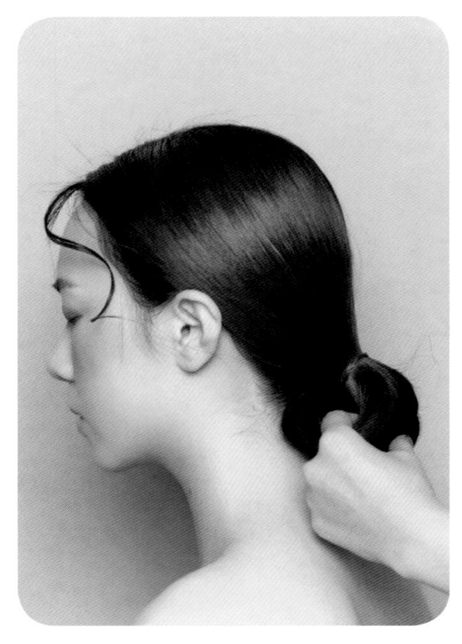

Step03 将扎好的马尾梳顺，并向下以内扣的方式做成一个发髻。

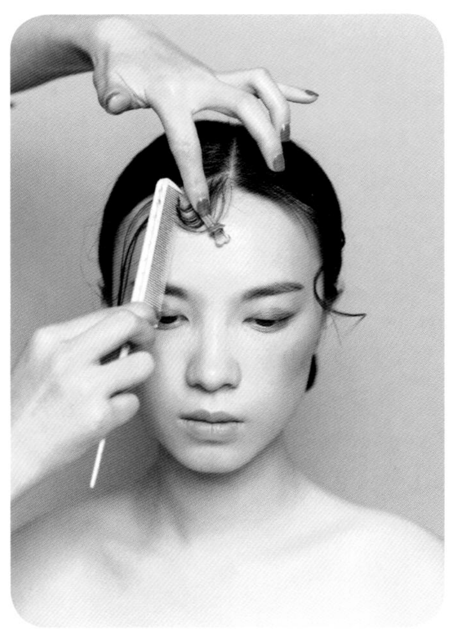

Step04 处理刘海区留出的卷发。从右侧刘海开始，用尖尾梳配合手将刘海沿着额头向前推出一个弧度，推好后用小鸭嘴夹固定。

Step05 将右侧刘海整理成S形波纹，然后在前额定型。

Step06 将余下的发尾继续以 S 形波纹的样式整理并固定好。

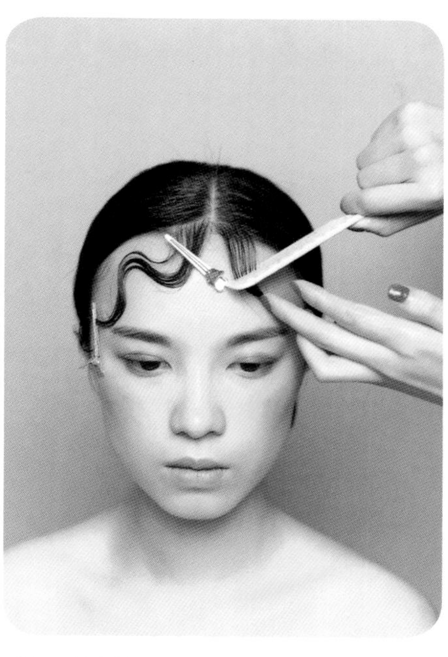

Step07 按照右侧刘海的处理方式，将左侧刘海向前推出一个弧度。

Step08 接着将左侧刘海以一前一后的方式推出第二个弧度。

Step09 将刘海处理完毕后，喷适量的发胶定型。待发胶干透后，取下鸭嘴夹。

Step10 佩戴饰品。将提前准备好的蝴蝶标本饰品佩戴在头上，佩戴时注意整体发型的效果要自然。

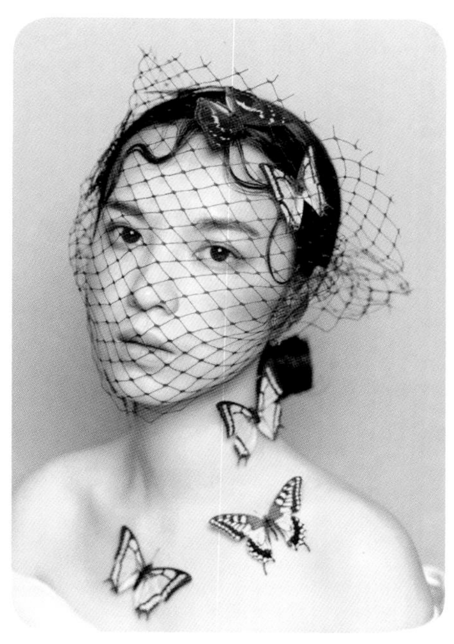

Step11 继续粘贴蝴蝶饰品，直至造型呈现出自然而统一的效果，然后用网纱对全脸做遮挡修饰。造型完成。

经典英伦盘发造型

2.10

静静流淌的是时光，躁动的灵魂在其中得以平复。在时间的长河里，一切终将归于宁静。湖面上引颈而歌的天鹅，花园中闲庭漫步的波斯猫，在时光流转里，经典依旧永存。

优雅、含蓄和高贵是经典英伦风格的主要体现。从英国女王出席各大场合时的造型可以看出，帽子作为英国皇室女性的主要配饰，体现了贵族气质与风度。在各种英国的电视剧和电影里，手推波纹出现的频率也较高，曲线的运用很好地表现了女性柔美、优雅的一面，又增添了些许复古韵味与传统端庄感。

对于经典英伦盘发造型，一般选择缎面或全蕾丝元素的服装与之搭配，以表现英国人偏保守、传统和端庄的一面。与此同时也会选择带有一定柔美曲线感的服饰。该类服饰对于细节的讲究也会较多。

此类造型的打造重点在于服装饰品的搭配，以及利用手推波纹、卷筒等手法重现经典英伦风。

复古优雅范儿

运用手法

烫卷，打卷。

注意要点

烫卷头发时，每片头发烫卷的方向和受热的程度都要一致；对头发做打卷处理时，要确保发片干净、顺滑，固定时要确保发卷与发卷自然衔接。

使用工具

25号卷发棒，气垫梳，鸭嘴夹，发卡，尖尾梳，饰品。

案例演示

Case demonstration

Step01 烫卷头发。用 25 号卷发棒将所有头发做横向烫卷处理。烫卷时注意一边烫卷，一边用小鸭嘴夹固定。

Step02 分区。待发卷成型后，用气垫梳将头发全部梳开，同时将刘海做一九分处理。

Step03 处理右侧头发。从右侧刘海开始，用尖尾梳将头发梳理通顺，让其纹理和弧度自然地显现出来。

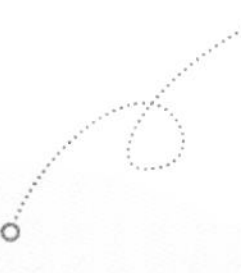

Tips

翻卷时需要注意的是，发片一定要保持光滑、干净，且翻卷时要将发尾隐藏起来。

Step04 将梳理好的发尾向内做打卷处理，直到发根处。

Step05 将打卷处理好的发卷固定在额头上方。

Step06 在上一步处理好的发卷下方继续取一束头发，并用尖尾梳梳理通顺，然后向上做打卷处理。

Step07 用鸭嘴夹将打卷好的发卷竖向固定。

Step08 继续从右侧取发，并按照以上的方式对右侧头发做打卷处理，然后定型。

Step09 处理左侧头发。将左侧头发分出一束，梳理通顺，使其呈片状，将其纹理感很好地凸显出来。

Step10 将梳理好的头发竖向打卷并固定于耳前位置。固定时注意隐藏发卡。

Tips
固定发卷时，要注意适当遮挡发际线，以起到修饰脸形的作用。

Step11 将上一个发卷处理好之后，继续从左后方取一束头发，并梳理通顺。

Step12 将梳理好的头发同样做打卷处理并固定。固定时要注意与前面的发卷呈平行状态。

Step13 处理后区的头发。将后区的头发梳理通顺，然后平均分为两片。

Step14 将左侧的发片做打卷处理并固定。固定时要注意与同侧前方的发卷自然衔接。

Step15 将右侧的发片梳理通顺，并同样做打卷处理。固定时要注意与左右两边的发卷自然衔接。

Step16 佩戴饰品。将提前准备好的饰品佩戴上去，修饰发型的同时，让风格更加突出。造型完成。

高贵大气范儿

运用手法

烫卷，手推波纹，打卷。

注意要点

烫卷头发时，每片头发烫卷的方向和受热的程度都要一致；对头发做手推波纹处理时，要确保发片干净、顺滑；对头发做打卷处理时，要确保头发干净、不毛糙，并隐藏发卡，同时发卷与发卷要自然衔接。

使用工具

25号卷发棒，气垫梳，尖尾梳，鸭嘴夹，发卡，发胶，饰品。

案例演示

Case demonstration

Step01 烫发和分区。将所有头发用25号卷发棒烫卷并用气垫梳梳顺。用尖尾梳将刘海进行三七分处理。

Step02 处理右侧头发。用左手食指提拉右侧刘海的发根，并用大拇指推压住发片，使发片形成第一个弧度。

Tips

推压发片时，要注意适当用力一些，而且推压好之后需要用鸭嘴夹进行固定，以避免头发松散、不成型。

Step03 用鸭嘴夹将发根夹起并固定，同时将刘海以一前一后的方式推出S形并固定。

Step04 将头发处理至发尾，梳顺发尾，将其打卷并固定在手推波纹的下方。

Tips

要顺着头发本身的弧度来梳理发尾，这样成型的效果更自然。

Step05 从右侧取一束头发，并梳理成片状，然后定型。

Step06 将梳理成型的发片用鸭嘴夹固定成波纹状。

Step07 继续梳理发片，将发片梳理并固定至耳后。

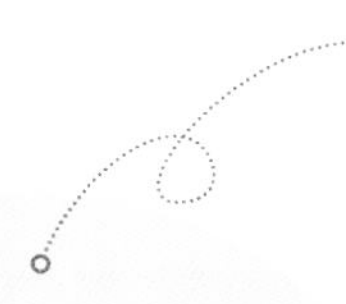

Tips

要特别注意的是，在分发时，需要保持头发顺滑、整洁，这样后续做出来的波纹效果才会更好。

Step08 处理左侧头发。以耳朵的垂线为分界线，从左侧分出一束头发，并梳理成片状。

Step09 按照右侧头发的处理方式，将左侧头发一前一后推压成 S 形，并固定在耳后位置。

Step10 处理顶区头发。将顶区的头发向上提拉，并梳理通顺。

Step11 将梳理好的头发往左推压，形成第一个弧度，并用鸭嘴夹固定。

Step12 将第一个弧度固定之后，继续用尖尾梳向后推压出第二个弧度，然后将其固定。

Step13 以一前一后的方式推压发片并固定。

Step14 将顶区的头发处理至发尾，并用小鸭嘴夹固定。

Step15 从顶区继续取一束头发，并梳理成片状，然后推出第一个弧度。

Step16 继续上一步操作，同样将头发一前一后推压并固定。

Step17 将上一步操作余下的发尾整理好弧度，用小鸭嘴夹固定。

Step18 按照同样的操作方法将顶区最后一片头发推压并固定。

Step19 处理后区头发。从后区右侧取一束头发，梳理通顺，然后做连续打卷处理并固定。

Step20 将后区剩余的头发梳顺通顺，并用手做适当整理，使其本身的弧度自然显现出来。

Step21 用手指将梳理好的头发钩拉成合适的弧度，然后固定在后区。固定时要注意与前面的头发自然衔接。

Step22 将钩拉固定好的头发的发尾梳顺，翻卷并固定。固定时，要注意发卷与发卷自然衔接。

Step23 整体定型。将左侧留下的头发往后自然打卷，并固定在后区。对头发喷适量的发胶定型，然后取下鸭嘴夹。

Step24 佩戴饰品。将提前准备好的饰品佩戴上去，修饰发型，并让造型的风格更加突出。造型完成。

成熟优雅范儿

运用手法

烫卷，手推波纹，三股编发。

注意要点

烫卷头发时，每片头发烫卷的方向和受热的程度都要一致；对头发做手推波纹处理时，要确保发片干净、顺滑；编发前需要将头发理顺，避免毛糙。

使用工具

25号卷发棒，尖尾梳，鸭嘴夹，皮筋，发胶，饰品。

案例演示

Case demonstration

Step01 处理右侧刘海。将所有头发用 25 号卷发棒烫卷，然后进行中分。将刘海区右侧的发片往后梳。

Step02 固定右侧刘海的根部，使其适当蓬松、立体。然后将刘海区的一些小碎发打卷成圆圈状，以修饰前额。

Tips

在打卷时，注意保持发片干净、整洁，避免毛糙。

Step03 用左手食指钩住发片，用左手大拇指将发片压住，然后用尖尾梳将发片向前推压并固定。推压时力度要合适，切忌让头发分片。

Step04 将上一步完成之后，用左手按住固定好的波纹，然后用尖尾梳将下面的头发往后推压，使整体发片形成一个 S 形，然后将其固定。

Step05 处理左侧刘海。左侧刘海与右侧刘海的处理方式一样，先将刘海往后梳，然后在发根处用鸭嘴夹固定，使之蓬松、立体。

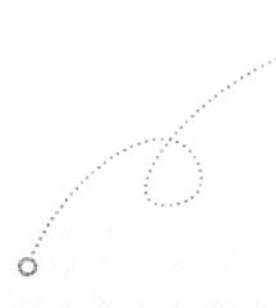

Tips

对头发进行手推波纹和打圈处理时，可以喷适量的发胶定型。喷发胶时，注意用量不可过多，以免头发太过生硬、不自然。

Step06 将刘海以一前一后的方式推压成S形，并将额前的小碎发打卷成圆圈状，以修饰前额。

Step07 处理后区头发。将后区头发梳顺，使其光滑、自然，然后平均分为三份。

Step08 将分好的头发做三股编发处理。编发时要注意使发辫具有一定的蓬松度。

Step09 将编好的辫子做适当调整，使其光滑、干净，且松散有度。然后用皮筋进行固定。

Step10 佩戴饰品。待刘海处的波纹定型之后，将所有的鸭嘴夹取下，然后佩戴饰品。造型完成。

户外森系编发造型

2.11

清晨雾气朦胧，少女疾走于森林之中，小鹿伴随于身畔。纱裙轻抚过林中的野花，林中枝丫也不禁轻抚少女的发丝，似乎也想留住一些回忆。太阳初升，在一片金黄的光芒下，林中的动物似被这一切唤醒，发出阵阵低鸣……

- 户外森系编发造型多以花材、树枝等配饰搭配，主要体现户外的森系唯美之感。也可与发带等饰品组合搭配，让整体造型更显年轻。服装上一般搭配有立体花纹的礼服，让整个画面立体而生动。

- 此类造型的打造重点在于运用拧绳、抽丝及卷筒等手法，配合各类花材，让造型呈现出浓郁的森系之美。

清新灵动范儿

运用手法

烫卷，两股拧绳，抽丝。

注意要点

烫卷头发时，注意头发的弧度大小和方向要合适；对头发做拧绳处理时，注意保持发片干净、顺滑；抽松头发时，要注意力度均匀、合适，切忌使头发凌乱；固定发辫时，注意要自然衔接；定型时切忌使用过量的发胶，以免影响发型的最终效果。

使用工具

25 号卷发棒，尖尾梳，皮筋，发卡，发胶，花饰。

案例演示

Case demonstration

Step01 烫卷头发。将所有头发竖向分片，并用 25 号卷发棒烫卷。烫发时注意发卷的方向和受热的程度都要一致。

Step02 将头发全部烫好之后，用手将头发全部拨开，使其蓬松、自然，且呈现出较好的纹理。

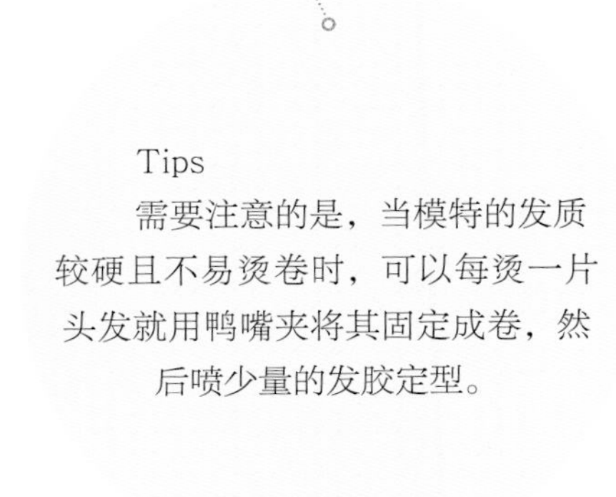

Tips

需要注意的是，当模特的发质较硬且不易烫卷时，可以每烫一片头发就用鸭嘴夹将其固定成卷，然后喷少量的发胶定型。

Step03 将刘海中分。用尖尾梳将刘海区头发梳顺，然后进行中分。

Step04 处理顶区头发。从顶区取一束头发并梳顺，然后一分为二。

Step05 将分好的头发做两股拧绳处理，一边拧绳一边抽发丝。

Step06 将抽丝好的发辫固定在脑后位置。

Step07 把剩余的发尾撕扯开，使其更加蓬松。

Step08 处理左侧头发。将左侧头发一分为二，然后做两股拧绳处理。

Tips

对头发进行抽丝处理时，注意抽出的发丝不宜太明显，且不宜过多，适当使头发蓬松即可。

Step09 将拧绳好的辫子适当抽松，然后衔接并固定在脑后位置。

Step10 按照左侧头发的处理方式，将右侧的头发同样做两股拧绳处理并固定。

Step11 将以上拧绳后剩余的发尾用皮筋进行扎结并固定。

Step12 将发尾捋顺，在扎结处的下方继续用皮筋扎结并固定。

Step13 将扎结好的头发适当抽丝拉松。抽松时要注意力度均匀、合适。

Step14 处理刘海。从左侧开始，将左侧刘海往后一分为二。一边捋顺头发一边将前额的一些发丝留出来。

Step15 将分好的头发做两股拧绳处理，一边拧绳一边将辫子适当抽松。

Step16 将处理好的辫子衔接固定在脑后位置。这样既能使头发自然衔接，也能起到遮挡发卡的作用。

Step17 当把左侧刘海处理好之后，按照相同的方法，对右侧刘海进行处理，然后在第一个扎结处固定。

Step18 处理后区头发。从后区左侧取一束头发，然后一分为二，并将分好的头发同样做两股拧绳处理。

Step19 将后区头发以一左一右的方式继续做两股拧绳处理。将后区头发都处理完毕，将发尾自然留出。

Step20 定型。将后区头发全部处理完毕之后，将头发抽松发丝，并喷适量的发胶定型。

Step21 佩戴饰品。将提前准备好的花环等饰品佩戴上去，并调整好刘海发丝，让造型的风格更加突出。造型完成。

Tips

对于制作花环，一般需要提前买好各类花材，将颜色合适的花材搭配在一起，然后对其定型。当然，也可以请专业花艺师帮忙搭配和制作。

唯美公主范儿

运用手法

烫卷，两股拧绳，抽丝。

注意要点

烫卷头发时，注意头发的弧度大小和方向要合适；对头发做拧绳处理时，注意保持发片干净、顺滑；抽松头发时，要注意力度均匀、合适，避免凌乱；固定发辫时，注意要自然衔接；定型时切忌使用过量的发胶，以免影响发型的最终效果。

使用工具

25 号卷发棒，16 号卷发棒，尖尾梳，发卡，皮筋，发胶，花饰。

案例演示

Case demonstration

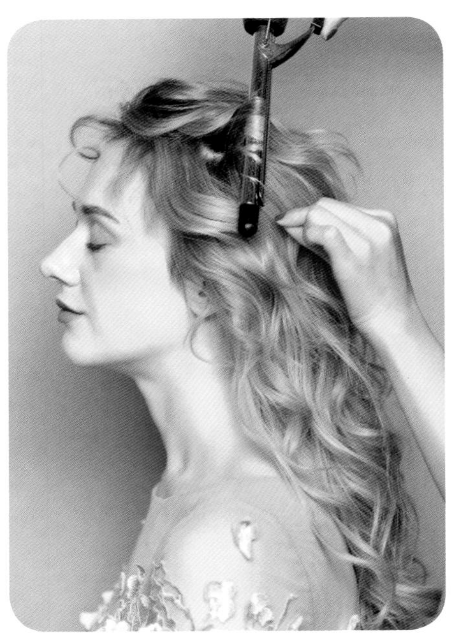

Step01 烫卷头发。用 25 号卷发棒将所有头发烫卷。用 16 号卷发棒将刘海区和顶区的头发做局部烫卷。

Step02 处理上半部分的头发。将所有头发分为上下两部分，将上半部分的头发捋顺并用发卡固定。

Step03 将固定后剩余的发尾做两股拧绳处理，并适当抽松。拧绳时注意发辫的松紧要合适。

Step04 将抽丝处理好的发辫固定在脑后位置，使其形成一个花苞状。固定时注意隐藏发卡。

Step05 处理下半部分的头发。将左侧的一束头发一分为二，然后做两股拧绳处理，适当抽松并固定。

Step06 继续取一束头发，并一分为二，同样做两股拧绳处理。拧绳时注意发辫的粗细要与左边的一致。

Step07 将剩余的一束头发同样做两股拧绳处理并固定。

Step08 将拧绳的发辫全部合并到一起，然后整体做抽丝拉松处理，并调整其纹理，使发辫自然蓬松。

Tips

需要注意的是，在做抽松处理时，抽松的发量需要根据头发的整体蓬松度来决定。当发量较多时，抽松的发量可以少一些；当发量较少时，抽松的发量可以稍微多一些。

Step09 将抽丝拉松好的发辫用皮筋固定在一起。固定时，注意可以用头发遮挡皮筋。

Step10 定型。整体调整发型，将表面的头发整体抽丝拉松，并喷适量的发胶定型，使其蓬松且纹理感更强。

Step11 佩戴饰品。将提前准备好的花环饰品佩戴在头上，调整好刘海，使其展现出较好的弧度。造型完成。

高贵优雅范儿

运用手法

烫卷，翻卷，两股拧绳，抽丝。

注意要点

烫卷头发时，注意头发的弧度大小和方向要合适；对头发做拧绳处理时，注意保持发片干净、顺滑；抽松头发时，要注意力度均匀、合适，避免凌乱；固定发辫时，注意要自然衔接；定型时切忌使用过量的发胶，以免影响发型的最终效果。

使用工具

25 号卷发棒，发卡，发胶，花饰。

案例演示

Case demonstration

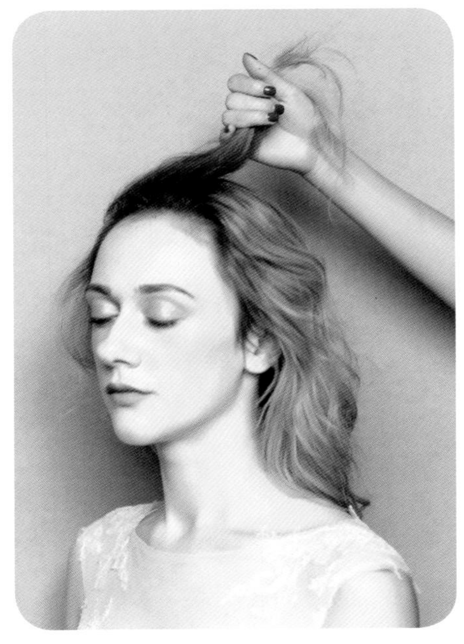

Step01 处理刘海。用 25 号卷发棒将所有头发烫卷并捋顺，然后从刘海区提拉起一束头发。

Step02 将所取的一束头发梳理成片状，然后斜向做翻卷处理并固定。固定时注意确保头发蓬松、立体。

Step03 从固定好的发卷的左侧继续提拉起一束头发，斜向做翻卷并固定。固定时注意与上一个发卷自然衔接。

Step04 将固定好的发卷适当抽丝拉松，使其蓬松。

Step05 处理左侧头发。从左侧取一束头发并理顺，然后向上翻卷并固定。

Step06 继续从左侧耳后取一束头发，然后向上做翻卷处理并固定。

Step07 处理顶区头发。从顶区提拉起一束头发，并将其捋顺，然后做两股拧绳处理。

Step08 将拧好的头发做适当抽丝拉松调整后，盘绕并固定在顶区，使其形成一个发包。

Step09 处理后区头发。从发包下方偏左侧的位置提拉出一束头发，并一分为二，做两股拧绳处理。

Step10 将处理好的发辫往上沿着发包周围盘绕并固定，使其形成一个整体。

Step11 从发包下方偏右侧的位置提拉出一束头发，捋顺并一分为二，同样做两股拧绳处理。

Step12 将处理好的发辫继续往上沿着发包盘绕并固定。固定时注意隐藏发尾与发卡。

Step13 按照两股拧绳的操作方法，将后区头发分片以一左一右的方式处理完毕，使其形成一个花苞。

Step14 佩戴饰品和定型。将所有头发都拧绳处理好之后，注意观察整体花苞，并做适当的抽丝处理，使其蓬松、饱满而有形。将提前准备好的发带饰品佩戴在头部，同时对整体发型做适当的抽丝拉松处理，并喷适量发胶定型。

Step15 将提前准备好的花材粘贴在发带上，使其与整体发型相搭配。

Step16 继续粘贴花材，同时佩戴耳饰，使其与发带协调统一，并对脸形起到一定的修饰作用。

Step17 选取一些花材，以点缀的方式佩戴在后区，填补发型的空隙，起到装饰作用。造型完成。

2.12 古典欧式少女烫发造型

盛装打扮的贵族少女，或两两结伴闲庭漫步于庄园的草地上，或相互嬉戏打闹，或品清香的花茶……甚是风雅有趣。

古典欧式少女烫发造型往往搭配由手工串珠与蕾丝制作而成的具有古典韵味的礼服，有珍珠的陪衬，整体造型更显古典优雅和高贵精致。与此同时，小卷发的配合可以让造型凸显出几分俏皮与年轻，让欧式少女的气息也更为浓郁。

此类造型的打造重点在于利用头发本身的卷度制造出纹理感，并结合服装、配饰等搭配出不同的主题风格。

轻熟少女范儿

运用手法

烫发，抽丝，打卷，内扣。

注意要点

烫卷头发时，注意头发的弧度大小和方向要合适；烫发后一定要将头发整理得蓬松、均匀，避免生硬或形状不自然；对头发做内扣处理时，要确保头发整体轮廓合适。

使用工具

16号卷发棒，尖尾梳，鸭嘴夹，饰品。

案例演示

Case demonstration

Step01 烫卷头发。将头发横向分片，然后用 16 号卷发棒全部烫卷。烫发时，注意烫卷的方向和受热的程度都要一致。

Step02 捋顺头发。将烫好的头发全部拨开，使其松散、自然。从刘海处将头发进行中分。

Step03 将头发中分后，用手继续将发卷撕扯开，使头发更加蓬松，纹理感更强。

Step04 处理右侧头发。从右侧开始，将撕扯松散后的头发适当捋顺，然后用手指将发尾钩拉住。

Step05 将钩拉的发尾以内扣的手法向内卷起并固定，让头发适当变短的同时，隐藏发尾。

Tips

在操作这一步时，如果处理的是长发，可以用皮筋先将发尾固定好，然后往内卷起，并用发卡或 U 形卡固定。

Step06 处理刘海。将右侧刘海区的小碎发捋顺后打卷成圆圈状，并用小鸭嘴夹固定在前额位置。

Step07 用同样的方法将左侧的刘海处理完毕。固定发卷时，注意左右两边的刘海形状要对称。

Step08 处理左侧头发。用手将头发捋顺，使其蓬松的同时，让纹理充分地显现出来。

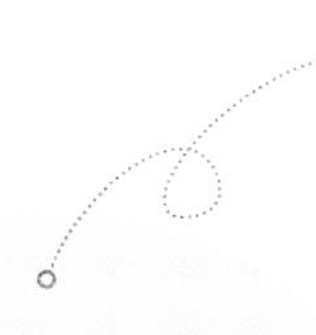

Tips

将所有头发都进行内扣处理之后，需整体调整，使其自然统一，而且要注意隐藏发卡。

Step09 将捋顺后的发尾用手指钩拉住，然后整体以内扣的手法向内固定，以打造外轮廓的形状。

Step10 佩戴饰品。待刘海成型后，取下鸭嘴夹。将提前准备好的饰品佩戴在头上，并做适当调整。造型完成。

俏皮公主范儿

运用手法

烫发，抽丝。

注意要点

烫卷头发时，注意头发的弧度大小和方向要合适；烫发后一定要将头发整理得蓬松、均匀，避免扁平或形状不自然；处理刘海时要自然，不可将刘海处理太过，以免生硬、不自然；用发胶时注意用量不可过多。

使用工具

16 号卷发棒，皮筋，发卡，发胶，饰品。

案例演示

Case demonstration

Step01 烫卷与处理上半部分头发。用 16 号卷发棒将所有头发烫卷并分为上下两部分。把上半部分头发扎成一条马尾，并将其整理蓬松。

Step02 从马尾中取一小束头发，绕于扎结处，对皮筋做遮挡处理。

Step03 将皮筋用头发遮挡住之后，用发卡固定，并隐藏好发尾。

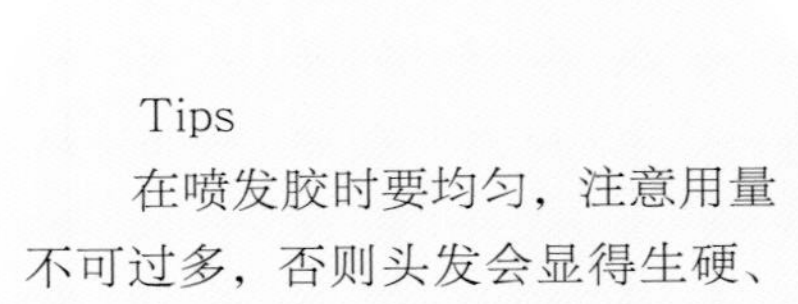

Tips

在喷发胶时要均匀，注意用量不可过多，否则头发会显得生硬、不自然。

Step04 用手抽松马尾，并喷适量的发胶定型，使其蓬松、自然且有形。

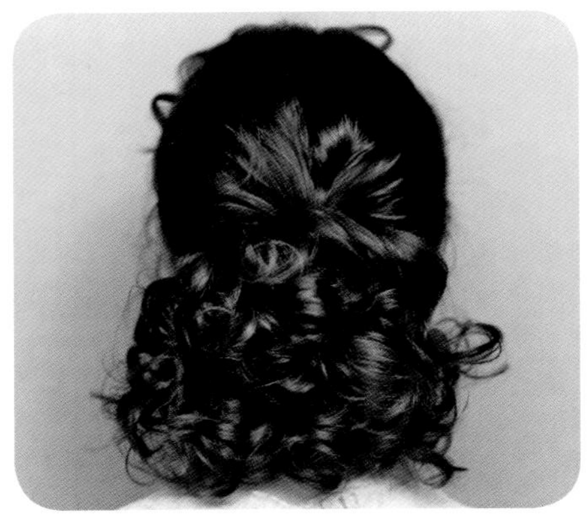

Step05 处理下半部分头发。整理下半部分头发并使其保持蓬松，使上下两部分头发形成一个整体。

Step06 处理刘海。用卷发棒将刘海区的小碎发再次烫卷，使其纹理更明显。烫卷时注意方向要合适。

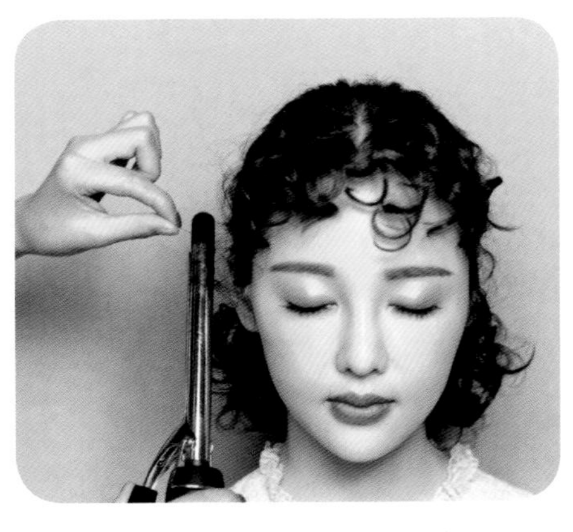

Step07 将偏侧区的刘海也一并烫卷。烫发时注意左右两边发卷的弧度要差不多一致。

Step08 佩戴饰品。将提前准备好的饰品佩戴好，并对整体造型做适当调整，使其更自然，且风格更突出。造型完成。

简约宫廷范儿

运用手法

烫发，手推波纹，打卷。

注意要点

烫卷头发时，注意头发的弧度大小和方向要合适；烫发后一定要将头发整理得蓬松、均匀，避免生硬或形状不自然；对头发进行手推波纹处理时，要注意保持发片干净、光滑，避免毛糙或凌乱。

使用工具

16 号卷发棒，尖尾梳，鸭嘴夹，发胶，饰品。

案例演示

Case demonstration

Step01 烫发和分区。用 16 号卷发棒将所有头发烫卷，然后适当捋顺，要确保其通顺、光滑。从刘海区将头发进行三七分。

Step02 处理右侧头发。用左手食指将发根钩起，用左手大拇指压住发片，并用尖尾梳将发片向后推压成波纹。

Step03 用鸭嘴夹代替手指，将推压好的波纹以一前一后的方式固定。固定时要保持发片干净、整洁，避免松散。

Tips

为了让发流更加清晰，且保持发片干净、光滑。在推压发片时，尖尾梳要穿透整束发片。

Step04 继续将余下的头发一前一后推压成波纹状，然后进行固定。

Step05 处理左侧刘海。将左侧额前的小碎发以打卷的手法固定成圆圈状，让造型的风格更突出。

Step06 继续取左侧额前的小碎发，打卷成圆圈状，然后与上一个发圈衔接固定在一起。

Step07 在左侧耳前位置处理出第三个发圈，以同样的方式衔接固定。

Tips

在做打卷处理时，要注意配合使用发蜡，以使发圈更伏贴，且成型效果更佳。

Step08 处理右侧刘海。右侧刘海的处理方式与左侧刘海一致，从上到下将碎发分缕进行打卷处理，并使其伏贴。

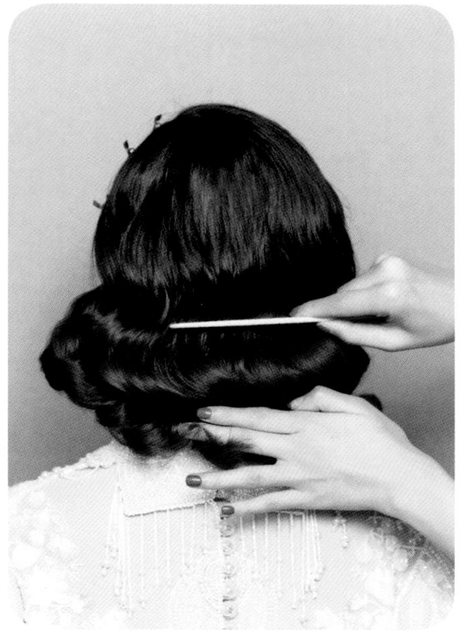

Step09 处理后区头发。用尖尾梳将后区头发适当梳顺，使其形成一个整体，并呈现出光滑、通顺且较理想的纹理效果。

Step10 佩戴饰品。待发型成型后，取下鸭嘴夹，然后选择一些较华丽的饰品佩戴上去，以修饰发型。造型完成。

NICENICE